熊猫家园·四季

向定乾　著

陕西新华出版
陕西人民教育出版社
·西　安·

序

上次我和定乾一起是在长青国家级自然保护区的大坪，我们顺着溪流边走边聊。“给你找只山溪鲵看看吧。”说着他翻开了脚下的一块平淡无奇的石头，果然，下面有一只山溪鲵。对此我毫不奇怪。

我第一次见到定乾是在1989年，他加入潘文石老师和我的研究团队，在秦岭南坡的长青林业局做大熊猫的研究。那是我在长青的第四年，正在写作关于野生大熊猫的生活史、社会行为和种群繁殖的博士论文。定乾的父亲向师傅是我们野外研究团队的主力，每天带着我上山，多年以后我才意识到这机会是多么珍贵，因为我至今也没有再遇到比向师傅更熟悉山林动物的人了。定乾当时19岁，从小在山里长大，与动物为伴，本领不输父亲，因此他加入之后便也成了我的师傅。

定乾和我每天早出晚归，常常跋涉十多里山路跟踪大熊猫。经过几年的努力，我们与好几只大熊猫成为朋友，不仅可以近距离观察成年大熊猫的社会行为，而且能够跟踪记录它们的幼崽一个个出生、长大，首次详细地记录了野生大熊猫不为人知的生活。在此过程中，我和定乾互相学习：我学习如何打开感官，在森林中感受和寻找动物的蛛丝马迹，定乾则学会了使用相机记录和做野外笔记。他似乎是一个天生的自然摄影师，这大概缘于他从小锻炼出来的对野外敏锐的直觉和对山林动物的灵感。

1995 年，长青林业局转制成为长青国家级自然保护区，定乾成为保护区的一名科研人员，他一年四季、年复一年地观察、拍摄、记录大熊猫和秦岭多种多样的动植物。这本书所呈现的，就是定乾多年来对秦岭的记录，他用镜头，用笔，更准确地说，是用心。

从这本书里，我看到的不仅仅是春天里一只远方飞来埋头觅食的鸟，一朵暗自绽放的花，一只捍卫领地的大熊猫，一片在雨中恢复生机的地衣……更是这个世界的美，是万物的和谐。只有发自内心对自然深切的爱，才能让他的文字如此优美流畅，如音乐一般，让每一个读到它们的人的内心柔软起来，沉静下来，感受到大自然的纯真和力量。这在如今这个浮躁的世界中尤为珍贵。

这本书令人惊艳，也让我深感自豪！

吕植

北京大学生命科学学院自然保护与社会发展
研究中心执行主任、保护生物学教授

前　言

转眼间，我守护这片山林已经35年。

对于一个生长在秦岭深山中的孩子来说，我的生命轨迹从小就和自然融为一体，“山之子”是大山赐予我的自然名。

每次走进山林，我都会感到莫名的激动、兴奋。感官打开，耳朵认真聆听，双眼飞快搜寻。将丛林中的美好尽数感知在心，且收录进相机里。

记得有一年春天，我和同事们进山监测，因为背着一堆摄影器材，我自然地落后了。沟谷丛林安静了下来，斑驳的暖阳洒向山林，树木正在抽芽展叶。茂密的巴山木竹林中，不时传来斑背噪鹛悠扬的歌声。忽然，从灌丛中缓缓走出一只毛冠鹿，它站在距我不足10米的地方，淡定地抬头望着我，随后一边跺着前蹄，一边“吱吱”地磨着牙齿，试图驱赶我这位不速之客。又过了几分钟，它悠然转身，消失在绿色的荫翳中。

那一刻，我心里一片柔软。

等到冬天，雪花覆盖山谷，林间变得洁白通透，红腹锦鸡、小麂、林麝和大熊猫等动物便会走出林子，在雪地里撒欢儿。每当这时，我就喜欢一个人进山，踩着积雪的小径，寻找它们的蛛丝马迹。

我常年在野外巡护监测，与野生动物邂逅再寻常不过。然而每一次的相遇，都让我体会到一种人类与森林生灵和谐共生的安适感。我们都在这里，没有外界的打扰和伤害，就这样静静地擦肩而过，很美好。于是慢慢地，用相机记录它们和珍存这些记忆便成了我人生中最幸福的事情。

作为保护区的工作人员，几十年如一日在野外工作，过着远离亲朋的单调生活，可我从不感到寂寞。我和秦岭山林早已不可分割，对自然的敬畏和对生命的热爱已经深入骨髓。我是“山之子”，巡山也是回家。

《熊猫家园·四季》是我的日常工作和个人爱好结合的产物。它从我这个巡护员的视角出发，以野生大熊猫为线索，试图呈现秦岭南麓森林真实生动的四季变化和极为丰富的物种多样性。

愿有缘人通过阅读此书而走进未知的荒野，沉浸式融入大自然，慢慢熟悉那些原本陌生的野生动植物，并感受到直击心灵的生命力量。也期待更多人关注秦岭生态，加入守护者的行列。

向定乾

2024 年 7 月 15 日

春

夏

目录

立　春

山风凛冽，溪水依旧冰冷，鸟兽却已感知到暖意萌动。

俗话说“五九六九沿河看柳”，时节到来，河边的柳树开始发出嫩芽。

在阳坡背风处，蔷薇科的春梅不畏严寒，傲霜斗雪，经过寒冬的煎熬，枝头早已挂满含苞吐蕊的花蕾，随着立春节气的来临，它们逐渐绽放出白色的花朵。此时，不由得想起

了王维“已见寒梅发，复闻啼鸟声。心心视春草，畏向阶前生”的诗句。

暖风让北红尾鸲立上香椿树的枝头，开始了一年一度的高歌。

“春江水暖鸭先知”，几只绿头鸭又回到了古镇旁的河流中，欢快地觅食戏水。

山峦的倒影在江面上形成了一幅黑白色的水墨画，一只骨顶鸡缓缓进入画面，打破了江面的平静。

立春

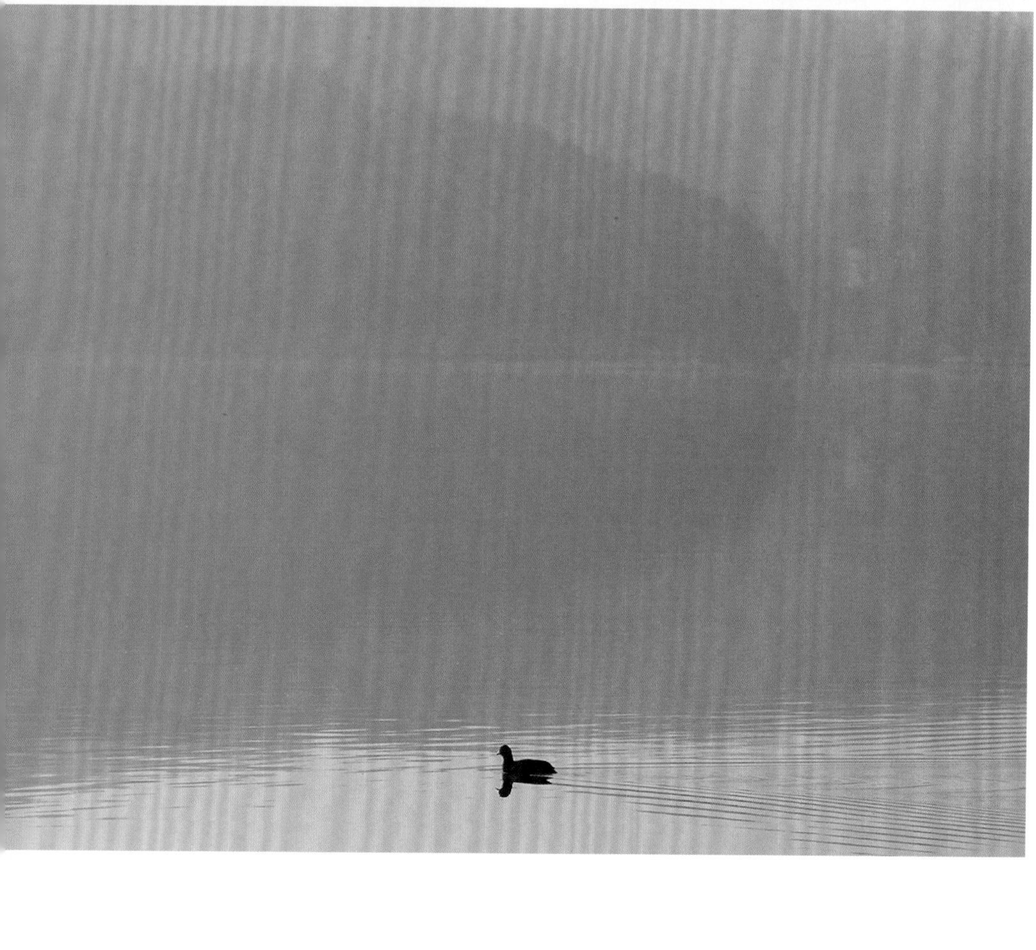

喜欢用“以守为攻”觅食行为的大白鹭，总是呆呆地站在水中，专心等待着鱼儿露头的瞬间。

冰雪融化后的河滩草丛，又给朱鹮提供了广阔的觅食空间，它们正在为春天的到来做储备。

随着寒流来袭，气温骤降，一只白喉红尾鸲在古镇落了脚。它们在这里从未有过分布，对于摄影、观鸟爱好者来说，又是一次刷新纪录的大好时机，大家时刻牵肠挂肚，每天都要去探访几次。

但凡有火棘果实的地方，就能看到许多雀形目鸟类的身影。在春暖花开前的漫长时光里，这种红彤彤的果实为鸟儿们提供了救命的食粮，它曾经在红军长征时救过无数战士们的生命，也帮助山区百姓度过了很多艰难时刻，所以也叫“救兵粮”和“救命粮”。这只橙翅噪鹛在一大片火棘丛中，开心地享用着丰盛的早餐。

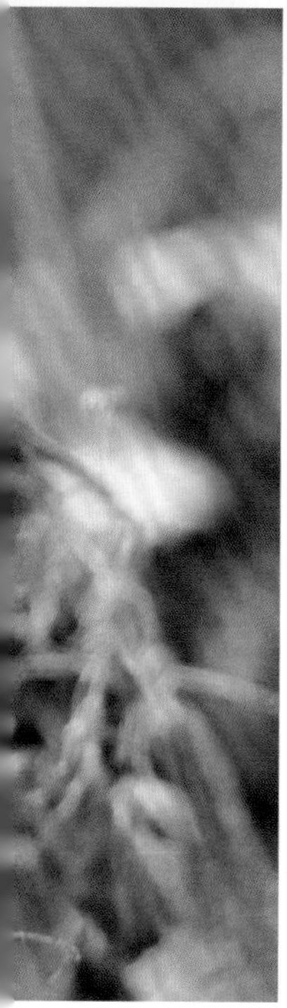

保护区腹地的西水河源头，几只鸳鸯借着刚刚消融的冰块来到这里，在清澈的溪水中畅游。

温润的汉江为众多游禽提供了越冬的家园，普通鸬鹚成群地在江中石堆上休息晾翅，也做好随时北迁的准备。

红腹锦鸡也称“金鸡”，在冬季，它们身披并不起眼的红、蓝、黄、黑褐色，成群躲藏在茂密的巴山木竹丛林中。经过漫长的等待和能量的储备，现在结伴钻出灌木丛，来到林边空旷的草地上，一边觅食刚刚露头的青草，一边享受着初春的暖阳。此时，雄性红腹锦鸡羽色华丽耀眼，尤其是头顶和颈背部的金黄、蓝、红色丝状羽。它们又开始了新一轮的繁殖。

春

立春

春

立春

清晨，山谷中一片寂静，太阳慢慢爬上山头，时而传来几声星鸦的鸣叫。一只大熊猫慢慢悠悠走出森林，来到西水河边，用敏锐的嗅觉四处嗅闻，开始在自己的巢域里巡视领地、收集信息，为繁殖期的到来提前做着准备。

河边的沟谷中，桦树根部的主干上，发现了很深的牙痕。这是大熊猫为了捍卫领地的标记行为。

在林区开阔的空地上，三团大熊猫粪便似乎还冒着热气。当暖风来临，大熊猫又开始沿着山脊、沟谷巡视、标记着自己的领地，留下粪便也是为了个体间更好地交流。

少蕊败酱的种子一片片悬挂在枯枝上，像是自然界中的风铃，也像是画家笔下的杰作。

喜欢长在河滩沙地上，墨绿色常绿叶片的植物是麦冬，这是冬季偶蹄目动物的美食。它的果实像山葡萄一样，挂在枝干上等待着鸟类来享用。根系上结的，像老鼠粪便大小的白色小块根，晒干后泡水喝，是去火的良药。

立春

蓝天下，山巅树枝上的雪挂依然包裹着每棵树冠，远远看去，像一团团棉花糖。

远眺秦岭太白山西峰，眼前山峦起伏，山巅还是白雪皑皑。

山脚下的农舍炊烟袅袅，看来村民们已经熏好了腊肉，做好了迎接亲人回家过春节的准备。

雨水

春雪飘飞，溪水半冻，远山如黛。森林鸟兽在风雪中守望、觅食，共盼春暖。

阳光日渐温暖，巴山木竹叶片上的冰霜开始融化，变成了晶莹剔透的小水珠，一滴滴落下，正在归根，滋养着大地。

走进荒野，在路边草丛、溪边、闲置的农田空地上，到处可见阿拉伯婆婆纳的身影。它铺散着低矮、细小、多分枝的

春

嫩绿色叶片和并不耀眼的蓝紫色小花，为大地献上一抹初春的色彩。

迎春花等待了一个漫长的冬天，现在终于悄然绽放，串串花蕾需要更多的阳光和雨露。

立春后，焦黄干枯的旷野在不知不觉中发生着变化，成片的山茱萸林又开始装扮一年中最美的村庄和山峦。

山茱萸初花期时，花朵上只有花粉，没有花蜜。聪明的中华蜜蜂不会错过任何一个采食的机会，极少的花粉也要收集起来，带回巢箱中哺育刚刚出生的幼蜂。

久违的阳光让灰眶雀鹛找到了一处既能觅食又很暖和的地方，棕榈的叶片像一把大扇子，为它遮挡了周围的寒风，它一边觅食一边沐浴着清晨的阳光。

这只雄性黑喉红尾鸲在整个冬天，都在用火棘果实来填饱自己的肚子，春天来临，树枝上的果实已经所剩无几。

村庄旁的山茱萸树林下，一株早年人工种植的四川杜鹃，早已头顶花蕾，在温润的阳光下含苞待放。

雨水

春

古镇旁的河滩里，近三四年来，总有一只孤沙锥，每到早春时节都会准时来这里觅食、休整，等到春暖花开体能恢复后继续北迁，寻找它们的繁殖地。

随着气温逐渐升高，西水河源头的冰雪开始融化。河滩中许多石头上都留下了欧亚水獭的粪便和痕迹。雨水“三候”，一候獭祭鱼，二候鸿雁北，三候草木萌动。大地渐渐欣欣向荣。

路边的树桩上，一只冠鱼狗翘着尾羽，它左右眺望，时刻注视溪水中鱼儿的动向。

清晨，空旷的西水河滩，一缕阳光洒向河中的大石头。一只黄腿渔鸮正在其间享受着这份暖意。

一天，我们正在山间巡护。突然，从上方的悬崖上闪电般划过一只黄腿渔鸮，只见它直直俯冲向下，冲向河滩，原来是发现了自己喜爱的猎物。一条很大的鲤鱼瞬间被它用双爪牢牢锁住。黄腿渔鸮用它坚硬带钩的喙撕开了鲤鱼的身体，开始大快朵颐。一阵“咔咔”的快门声，使正在享用美味的黄腿渔鸮顿时紧张得不知所措。经过短暂的犹豫，它还是决定带着自己的战利品离开，飞到河对岸的树枝上慢慢享用。

觅食归来的朱鹮伴侣，回到了早晚必到的核桃树上，这里是它们对歌的地方，也是爱情开始的地方。

在这棵属于它们的爱情树上，朱鹮伴侣相濡以沫，嘴相交在一起，似乎在讲述春天里的故事。

没有雨露的石壁上，地衣和苔藓显得干燥无比。它们需要春雨的滋润才能继续彰显顽强的生命力。

暖流让沟谷里所有的动植物都开始萌动，川金丝猴群也开始活跃起来，在树枝和藤蔓间欢快觅食，自由鸣唱。

春

雨水

春风唤醒了大地，吹暖了森林，大熊猫妈妈带着去年才出生的幼崽，躲进了偏僻安静的山沟，逃避一年一度“比武招亲”带来的骚扰。此时，大熊猫妈妈正在茂密的巴山木竹林中取食着一年生的嫩竹叶。

在不远处的竹林上空，大熊猫宝宝安静地坐在一棵亮叶桦的枝杈上，用天生的爬树本领，躲避着天敌对它的威胁和伤害。

寂静的村庄被清晨的炊烟笼罩着，在灰暗的雾气中散发出迷茫焦虑的气息。

惊 蛰

惊蛰一到，万物复苏，草木萌动，冬眠的蟾蜍醒了，熊猫也开始追求爱情，鸟儿们唱着春天的情歌。

金色的山茱萸花海将偏僻的小山村包裹，成了洒满金子的海洋，那一个个黑色的屋顶就像海面上的一叶叶小舟。秦岭南坡再次充满了春天欣欣向荣的气息。

春

惊蛰

巡护小径旁，毛茛科的铁筷子早已进入盛花期，成片的花朵在春风中微微摆动着，勤劳的中华蜜蜂在其间采蜜集粉，忙得不亦乐乎。

朱蛱蝶迫不及待地从枯叶中钻了出来，在阳光下展露翅膀以接收能量，时不时在林间翩翩起舞，更像一片落叶飘来荡去，为森林增添了无限生机。

山脚下杂乱的灌木丛间，串串黄色的花朵是木樨科的连翘。只见花朵不见叶，这是它们春季的特点。

马桑科马桑属的马桑，在春阳的沐浴下展露出一串串花蕾。待到四月下旬，它们的浆果便是更多鸣禽、黑熊和果子狸的美味佳肴。

随着惊蛰节气的到来，所有冬眠中的生命都已醒来。这对中华大蟾蜍也借着暖阳爬上大石头，开始繁衍生息。

山巅冰雪消融，溪流水量逐渐增大，秦岭细鳞鲑也开始活跃起来。一旦发现

食物，它们会迅速探头露出水面，捕捉每一个顺溪漂来的食物。秦岭细鳞鲑是食肉性鱼类，为中国秦岭特有种，俗称“花鱼”“梅花鱼”，属第四纪冰川孑遗的典型冷水性山麓鱼类，出现至今约有200万年，是冰期自北方南移的残留种。

木竹枝头，结满了串串黑紫色细小的花蕾，这是巴山木竹开花的前奏。

春

惊蛰

低海拔的紫堇，在阳光的孕育下已经抢先绽放出鲜艳美丽的小花朵。

成群的绿翅短脚鹎借机躲在梅花丛中，等待着中华蜜蜂们前来访花，它们以惊人的飞行速度将蜜蜂猎捕为食，以增加自己身体所需的蛋白质。它们飞舞的身姿，更像专业猎手才有的飒爽姿态。

清晨，一只毛冠鹿来到路边的山茱萸林下，一边悠闲地啃食刚刚露头的青草，一边赏花，为春天增添了无限的活力。

突如其来的降温，让山林又迎来了一场春雪，雾气缭绕中的树木又披上了白色。

山涧中的村庄在雪花的映衬下，若隐若现，更像一幅素描画，静静铺满大地。

鹅毛般的雪花正在飘落，挂满积雪的山茱萸花朵上，一只斑鸫有些不知所措，它似乎开始怀疑春天。

春回大地，万物复苏，朱鹮也将进入繁殖期。二月初，朱鹮颈部开始分泌灰色液体，它们用喙啄取涂抹到颈部和背部，此时的羽毛呈铅灰色。

夜晚的春雪落满了田埂，一只身披“婚羽”的朱鹮正和肥硕的家鸭相依为伴，等待着天气放晴的时刻。

不远处的山坡上，一对朱鹮夫妇停在树枝上小憩，偶尔理理毛，时不时用脸部将分泌物涂抹到身体上，装扮着自己的“婚羽”，为繁殖期的到来做着准备。

厚厚的积雪记录了一个冬天以来各种动物行走的踪迹。仔细分辨，能看出这些足迹里，有野猪的、羚牛的、林麝的、豪猪的，还有毛冠鹿的。

惊蛰

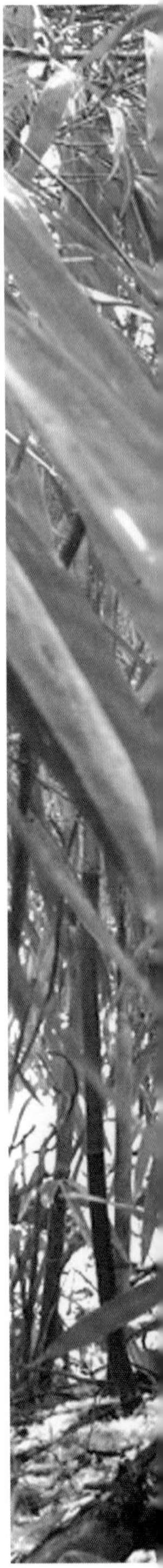

保护区内高海拔区域还是白雪皑皑，显得一片荒凉和寂静。唯有在40多厘米厚的积雪上，留下的一串串新鲜的动物足迹链，泄露了山林里不为人知的生机与活力。

这一只老龄熊猫个体已经退出了年轻熊猫们“比武招亲”的行列，它独自躲在沟谷平缓的地方，安逸地享用着巴山木竹的嫩叶。

惊蛰

隔着山涧，也能看到大熊猫趴在树冠上的身影。此时它们已经进入发情期，这只“准新娘”爬上树干，耐心地等待着“比武”获胜后，“新郎”的到来。惊蛰前后，是大熊猫发情交配的时候。我们背着行囊踏着积雪，一边巡护一边做着监测工作，在山脊上寻觅大熊猫的踪迹。雪地跋涉不易，然而一路上聆听着它们求爱的歌声，倒也是艰辛与快乐并存。

春分

仲春之月，天气转暖，秦岭的春色更浓了。暖风吹进山谷，所有的生命都开始活跃起来。大熊猫开始发情，鸟儿高歌，枝条抽芽，小草露头，山桃花、毛樱桃、连翘都陆续绽放。山茱萸也不甘落后，用金色花瓣装扮着一年中最美的秦岭山谷。

在春天，俯视山谷中的村庄，黄色、粉色、白色、墨绿色，将所有农舍镶嵌在其中。

山桃花的盛开吸引了许多昆虫和鸟类前来探访。火冠雀在山桃花上觅食花蕊中昆虫的卵和幼虫，这还是第一次发现，平时它们更喜欢在黑皮杨树和柳树的花序上寻找食物。火冠雀，当地人也称其“一点红”，春季繁殖时期，头顶和下颌的羽毛会变得橘红鲜艳，色彩越鲜艳越可以吸引雌鸟的青睐。

勤劳的中华蜜蜂也来凑热闹，在花朵间飞舞着，吸食花蜜、收集花粉。

枝条上先开花后长叶，还散发着浓浓生姜味的樟科植物木姜子也进入初花期，金黄色的花朵布满山坡沟谷。木姜子的叶片可以提炼精油，是烧烤佐料中的佳品。

春

一个冬天都卷缩着叶片的太白杜鹃终于舒展开来，花蕾露出殷红。再过几日，将是鲜花盛开、鸟飞蝶舞的景象。

春

一小群灰头灰雀还没来得及上迁。它们在闲置的空地上觅食香薷的种子，瞬间又停歇在山茱萸高枝上，享受春天的静美。

处于婚配期的红尾水鸲在山涧溪流里追逐打闹。站在石头上的雄性个体兴奋地张开扇形的尾羽，用嘹亮的歌声占据巢区，吸引着心中的伴侣。

河滩里成双成对觅食的朱鹮，早已披上了铅灰色的“婚羽”，这里既是觅食地，也是每天午后的洗浴场所。它们在高高的树冠上择址筑巢，共享爱情的甜蜜。

山涧溪流中，能看到中国林蛙产下的第一批卵团。 它们在阳光的温暖下，经过 20 余天发育成小蝌蚪，历时一个月完全变成小林蛙，再陆续进入森林，9 月下旬至 10 月初从山坡林地下迁到附近沟谷河流，进入水底陆续开始冬眠。

突如其来的降雨使平日里很难见到的灰林鸮飞出了密林，停歇在树干上。它睁着黑黑的小眼睛，看上去总是一副还没有睡醒的样子。讨厌的雨水淋湿了全身，它抖动着羽毛，水滴四溅，虚幻的影像倒也别有一番趣味。

低海拔正在吐叶抽芽的枫杨树枝上，一只斑头鸺鹠用它圆溜溜的大眼睛凝视着春天里的变化。

红嘴鸦雀正在枝头用它婉转而动听的歌声去打动同类，试图找到自己的爱侣。橙翅噪鹛已经开始成双成对站在枝头鸣叫、相互追逐，羽毛的颜色也变得鲜艳醒目。它们也跟众多鸣禽一样，即将

进入一年一度的繁殖期。

在保护区海拔 2500 多米的阴坡上，积雪还没来得及融化，秦岭箭竹还卷缩着叶片。在阳坡草丛中，龙胆科龙胆属的鳞叶龙胆已经迫不及待地绽放出淡蓝色的小花。

在洒满阳光的秦岭箭竹林下，一条断了尾巴的滑蜥，正在草丛中享受着温暖的阳光。

附近的山坡上，一棵直径 50 厘米，栎属壳斗科的锐齿栎映入眼帘，中空的树干是因为去年中华蜜蜂在这里安过家。洞口深深的牙痕和抓痕是黑熊想取食里面的蜂蜜留下的，因栎木太过坚硬，黑熊最终还是没有得逞。

山脊附近的阳坡面上，一片新鲜的巴山木竹被堆放在一起，乍一看像是大熊猫所为。其实，这是野猪刚刚做的巢，它们准备在这里产下今年的第一批宝宝。

一年中难得一见的戴菊，也从低海拔区迁徙到海拔 2300 米的人工针叶林边缘，一边沐浴着阳光一边欢快地觅食。它们头顶那簇金黄色的冠羽，更像一朵小金菊，由此得名“戴菊”。

春

每年山茱萸花朵悄然绽放的时候，在海拔1800米左右的山脊上，阳坡的雪已经完全消融，阴坡还有零星的积雪。此时，山谷中总会传来阵阵怒吼，似狗叫，有时又似羊“咩咩”的叫声，回音传遍整个山谷，热闹非凡。密林中这两只大熊猫经过几天的决斗和不懈努力，都已经做了“新娘”和“新郎”，它们正在巴山木竹密林中享受这份来之不易的爱情。

主山脊旁边的次山脊上，往往是大熊猫打斗发情的理想场所，在这里能够目睹很多它们战斗过的痕迹。这一簇毛发就是它们打斗时撕咬情敌留下的证据。为了让自己的基因得到延续，它们不顾一切，哪怕是失去下颌、舌头、鼻子，脸部伤痕累累，前腿皮开肉绽，甚至因伤口感染而失去生命，这就是自然选择的代价。

极目远眺，冷杉、箭竹林中的红桦幼苗，在逆光下闪闪发亮，一束束就像是正在燃烧的火焰，充满了春日无尽的生命力。

春

清 明

林花迎风而落，鸟啼一脉春山。万物生长，清洁明净。

随着清明节气的到来，山野间开始披绿挂彩。所有的生命都在暖风中舞动起来。杨树率先长出了稚嫩的新叶，逆光中就像一团团火炬，唤醒了春天的山林。

溪边的柳树早已披上了绿装。绿荫丛中，一树山桃花尽显春天的美丽。

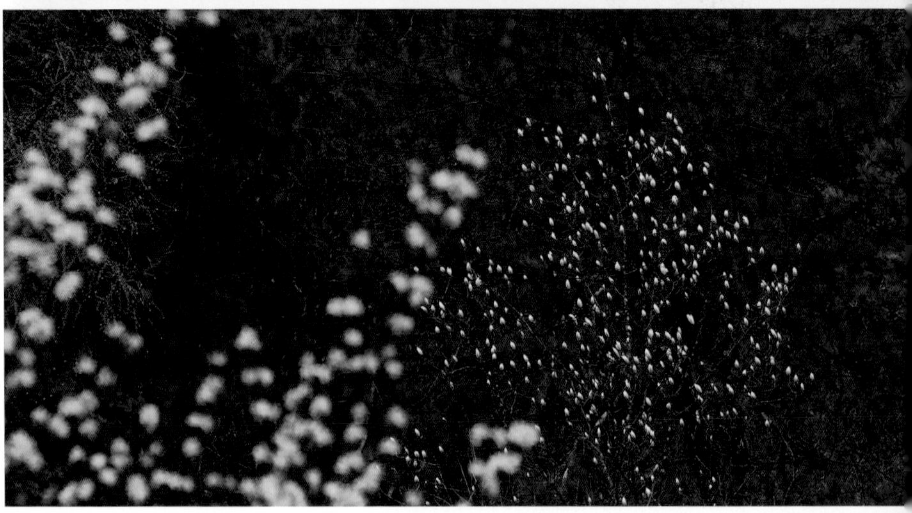

春

在这个到处都是鲜花绽放、百鸟争鸣的美好季节里，望春玉兰也不甘示弱，花朵像一只只小鸟站满枝头。当地人称其“姜苞花”，在中药里叫辛夷花，采摘后蒸熟晾干泡水喝，能治疗鼻窦炎。它们正在悄然装扮着身后那片墨绿色的油松林。

走进山林，毛樱桃花瓣如雪花般随风飘落，将长满苔藓的石头装扮得星星点点。

暖风让蕨类植物从土壤中钻了出来，蜷缩着枝叶，还没来得及舒展开来，头顶厚厚的绒毛，当地人称之为“蜷菜”，这是紫萁科的紫萁。

花期超长的山茱萸还在绽放最后的花朵，沼泽山雀还在山茱萸花海中相互追逐，只为能找到如意伴侣和理想的繁殖巢区，为春天的山区增添了不少灵气。

草丛中，一只猪獾刚从冬眠中醒来，它正在用自己厚实的嘴唇挖掘土壤中的蚯蚓，来补充体内急需的蛋白质。

山野间，湖北紫荆也逐步进入初花期，它们的盛开为中华蜜蜂提供了春天里最好的育幼蜜源。绿背山雀也借此机会来到花丛间，守株待兔，捕猎蜜蜂和前来访花的昆虫。

春

春

朱鹮夫妇经过近一个月的共同努力，在原有的基础上又新添巢材，爱巢筑成，它们逐渐进入产卵孵化期。

阵阵春雨将大地万物滋润。水滴挂满了省沽油科膀胱果粉红色的花蕾，它们在暖阳到来时将会次第绽放。

昔日寂静的森林变得热闹起来。阵阵鸟鸣让泡桐树洞中熟睡的灰头小鼯鼠钻出来，一览春天的变化。

火冠雀随着暖流，放弃了柳树花序逐渐上迁，此时它们来到冬瓜杨和栓皮栎枝冠间，寻找可口的食物。先花后叶的冬瓜杨枝头，挂满了红黄相间的花序，在暖风中微微摆动着。这就是火冠雀和山雀类此时重要的觅食场所。

春

红腹角雉属于国家二级保护动物，是珍稀罕见的中型雉类，春天它们会偶尔上到木姜子枝干上，取食刚刚长出来的嫩芽嫩叶，这种含有浓烈生姜味的树叶会帮它们杀菌强体。

林下的枯叶中，更是随处可见春天的印记，这些星星点点白紫色的小花是齿萼报春，它们正点缀着海拔 1800 米左右的早春森林。

长期定居于高海拔的红腹山雀也开始活跃起来，三三两两地在树丛中飞行穿梭，寻觅着第一批出来取暖的昆虫，觅食刚刚露头的新芽。

保护区海拔 2000 米以上，积雪还没有完全融化。好不容易放晴的午后，国家一级保护动物林麝，便借着暖阳走出密林，横穿在林区阳坡融雪的便道上。

自古以来山区就有“清明断雪，谷雨断霜”的说法。几日前，突如其来的降温使海拔 2000 米以上的林区又披上了雪花，盛花期的四川杜鹃花不得不再一次接受寒流的考验。

春

远处悬崖峭壁的边缘，一只斑羚正观望和聆听着什么，时不时发出“咵咵咵”的叫声，它似乎感觉到了我们的存在，在这种险象环生的地方，正有利于它们躲避天敌和休养生息。

在海拔2300米以上的秦岭冷杉、箭竹林中，阴坡积雪依然残存，大熊猫的“比武招亲”还在继续。此时，在林区便道上，一只正扭动着圆润的屁股向山下走去的大熊猫，不知是因战败而逃，还是因馋山下刚刚露头的新笋，让它这样匆匆忙忙垂直迁徙。

钻进茂密的丛林中，抬头仰望，忽见一株株野樱花，逆光下美不胜收。春光恰好，明丽怡人。

春

谷 雨

清风徐来，水光潋滟，深谷野花吐露芬芳，鸟儿在林中欢唱。雨生百谷，万物润泽。谷雨节气到来，河水涨了，柳树绿了，山野青了，人也显得清爽了。到处充满无尽的生机。

多雨的春天让森林变得潮湿而温润，阵阵水雾令山体轮廓时隐时现。春天的山林，被唤醒了。

春

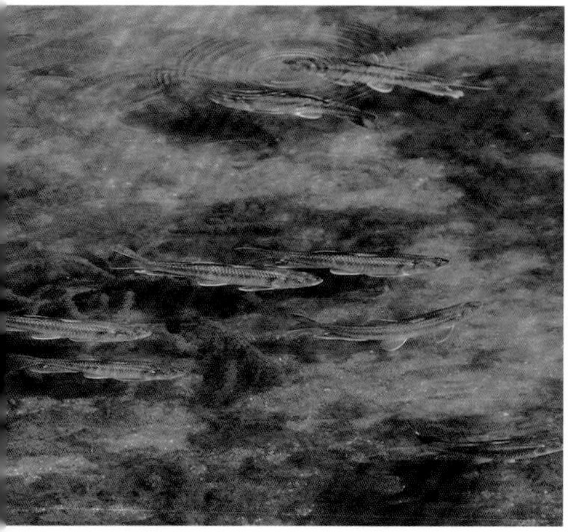

谷雨来临，站在山下眺望东北方层层叠叠的山峦，低处已是绿叶盈盈，高处还是白雪皑皑。

在海拔 1200 米左右的山谷中，坡面上已经披上了嫩绿和褐红，一切都焕然一新，充满了生命力。

冰雪融化，上涨的河水带来充裕的浮游生物和水生昆虫，给宽鳍鱲提供了丰富的食物资源。它们成群结队，欢快地在水中觅食嬉戏。

雨过天晴，成群的白喉噪鹛出现在耕地里。它们相濡以沫，互喂着自己找到的食物。

一只银喉长尾山雀萌萌地站在槭树枝上，用它的方式观望着春天里的变化。

不同色彩的新叶逐渐绽放，山野每天都在悄然无声地发生着巨大的变化，棕背伯劳又回到它久违的夏居地。

海拔1300米左右的沟谷中，到处都是蔷薇科的山荆子，它们用自己粉红色的花蕾装扮森林中的春天。

春

谷雨

平日里并不多见的赤颈鸫，在迁徙途中遭遇寒流，被迫落单，暂时在保护区内停留觅食，待体力恢复后继续北迁。

远处的山坡上，时不时传来“呜呜哇哇”的声音，原来是一个川金丝猴家庭群正在高大的锐齿栎树干上小憩。

枝条上刚刚开始舒展的新叶嫩枝，吸引了它们在这里快乐地觅食，享受春天赋予的美味佳肴。

春天的脚步由汉江谷地渐渐来到秦岭主峰。海拔 2500 米的兴隆岭山脊附近的草坡上，有毛冠鹿在觅食。羚牛妈妈也带着家族成员，来到保护区海拔 1500 米左右的沟谷林缘，享用刚刚冒出来的嫩叶青草。

山坡边缘，一头林麝正在觅食刚刚露头的青草和树芽，它对突如其来的车辆充满了好奇，抬头张望，凝视着，准备随时逃离。

阔叶林下，一只雄性勺鸡竖起了头顶的羽冠，正在静静聆听着春天的声音。它们已经进入新一轮的繁殖期。

冬日里显得干枯的苔藓，现在得到了雨露的滋润，也开始冒出了新叶，俯瞰它们，更像是一片茂密的森林包裹着所有的土壤。

春

在冷杉、红桦混交林中，一株杜鹃开得正艳，为高海拔区域的森林增光添彩。

四月是一个充满生命力的季节，山林中鲜花盛开，百鸟争鸣。海拔 1400 米左右，水分充足、光照时间长的阳坡林缘，巴山木竹已经长出了新笋。这是山区人民的时令蔬菜，更是野生大熊猫的美味佳肴。

无论是为了爱情、领地还是食物，大熊猫每天除了睡觉之外，从不在森林里停下自己的脚步，每天跋山涉水、勇往直前。这只大熊猫正在向巴山木竹林中迁徙。

每年谷雨时节，雨水增多，在海拔 1400 米左右的巴山木竹林中，鲜嫩多汁的新笋总让大熊猫们牵肠挂肚。它们习惯性地从密林中迁徙到阳坡、沟谷、路旁，寻找林缘水分充足、刚刚出土的新笋来满足自己对竹笋的钟爱，这是它们一年中最美味的佳肴。

保护区内高海拔的积雪已经完全消融，春雨过后，沟壑纵横的山中飘出了缕缕云雾，尽显秦岭的神秘。谷雨，带着自然的味道和生活的气息，已然弥漫在这片花花绿绿的世界中。

立 夏

立夏微雨飘飞，熏风又至，林中鸟兽怡然度日。春已去，夏犹清，阴晴变幻，绿水风试暖，夏木初成荫。

初夏来临，青山绿水遥相呼应。保护区内的万物生灵都充满了无尽的生命力。

保护区内蓝天白云，山峦翠绿，一切都在悄无声息地发生着变化，暖流逐渐由低谷向山巅推进。

夏

立夏

林间处处都彰显着生命的活力。中华猕猴桃藤蔓上的新芽是那么的悦目养眼。

秦岭细鳞鲑也进入了一年一度的繁殖季节。它们成群结队洄游到山涧水潭上方的阶梯下。这里落差较大、水流湍急，为了完成自己的使命，它们不惜一切代价，一次又一次地跃出水面，试图逆流而上，但最终还是摔在石头上被冲回潭中。

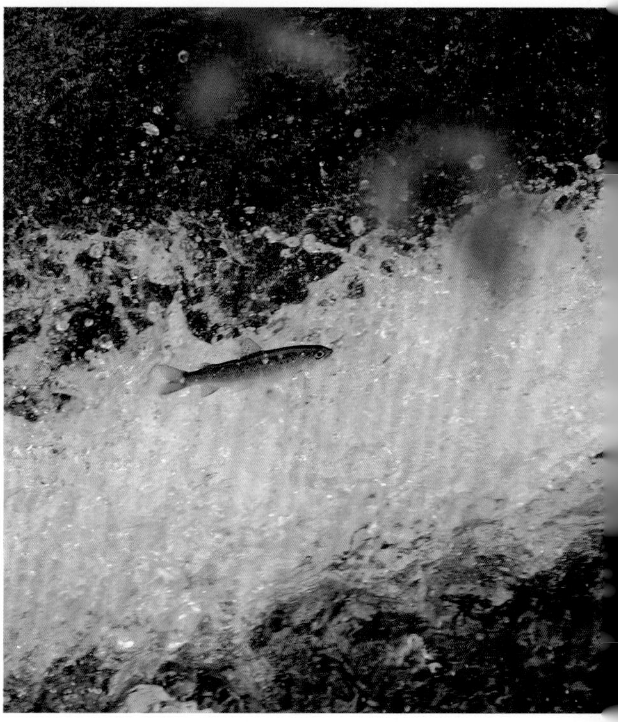

清晨，环颈雉悠闲地站在紫薇花圃田埂上，不时发出“咯咯咯”的鸣叫声，上下跳跃，扇动着翅膀捍卫属于自己的家园。

在海拔 1200 米左右空旷的草地和路边，随处都可以看到星星点点的白色小花，这是蔷薇科植物五叶草莓点缀荒野的杰作。

夏

立夏

成熟的苦糖果橘红色的果实长得很像红裤衩，山区里的孩子们也叫它“裤裆泡”，它甜中带着一丝苦味，不光受到孩子们青睐，更是山雀、蓝喉太阳鸟、果子狸、黑熊们的美味佳肴。

顶着雪花绽放的铁筷子如今已是果实累累，怀着一份收获的希望。

走进林间，似乎能听到所有树木抽芽、展叶的声音。阵阵鸟鸣悦耳动听，它们开始筑巢、产卵、育雏。一只淡绿鵙鹛站在林间的横枝上，转过头来，露出了白色的眼圈，十分可爱，它似乎在等待伴侣的归来。

走在巡护小径上，聆听着森林中悦耳动听的鸟鸣声，一只毛冠鹿慢慢悠悠走出灌丛林，静静地站在眼前，不停地跺着它的前蹄，试图用这种行为吓走其他生物。

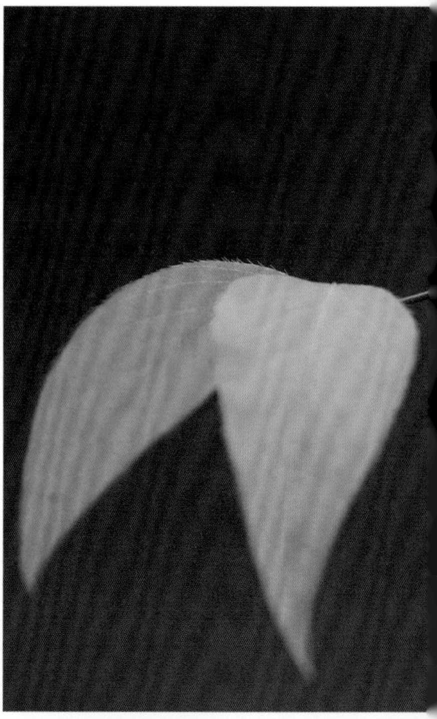

立夏

夏

立夏

山坡上，映山红正随着绿叶一起绽放，用自己的粉红色装扮着初夏的山野。

黑喉石䳭随着暖流如期而至，这里是它们繁殖的家园，空中的飞虫是捕猎的首选目标，更是育雏时的美味佳肴。

山坡的树枝上，一只方尾鹟扯着嗓门正在高歌，它们还处于配偶期。

在这个百花齐放的季节里，蓝喉太阳鸟是秦岭山林里体型最小，色泽最亮丽，最活跃，最幸福的，它们身披金属光泽的羽毛来到山木瓜花朵旁，用自己细长的喙吸食着每朵花冠里的花蜜。

茂密的丛林边缘，雌性的红腹锦鸡已经开始在阳坡干燥的地方产卵趴窝。半个月过后，它们便会带着小宝宝在路边觅食，沐浴阳光。

山沟的林荫下，成片的紫堇相继绽放，一只红襟粉蝶正在吸食着香甜的花蜜。

栓皮栎的叶片在一点点长大，朱鹮夫妇也孵化出了两只可爱的小宝宝。它们每天轮换看守，早出晚归换着外出觅食，将半消化的食物带回，期盼着雏鸟快快长大。

茂密的巴山木竹林下光影斑驳，刚刚出土的新笋吸引了大熊猫来到这里，它们来回转悠着，搜寻着每一颗可以入口的鲜笋。经过一个冬天的煎熬，和前一阶段“比武招亲”对它们体能的消耗，它们现在急需补充能量，每天要食下 35 公斤左右的笋肉，才能满足体能的正常消耗。随着气温升高，竹笋长高变老，它们也将逐渐向高海拔区域迁徙。

立夏

安静的森林里，只能听到风吹动着竹枝和叶片摩擦时发出的沙沙声响，被大熊猫采食过竹笋的地方，留下取食后的笋壳，以及还冒着热气的粪便。

在海拔 2900 多米的山巅上，长满了秦岭箭竹。这里的春天似乎才刚刚来临，冷杉、箭竹林中像羊群一样成团状分布的太白杜鹃正在绽放，它们在山巅拥抱着这迟到的春天。

小满

晴日暖风生麦气，绿荫幽草胜花时。小满时节，鸟兽一片欢腾。它们恣意畅享着森林丰腴的夏天。

远眺苍茫群山，不同树种组成了不同的色彩。它们由枯变黄、变绿、变墨绿，再变得色彩斑斓，这就是一年里的生命轮回。

此时，在茂密的丛林中，缕缕阳光正透过树叶，洒向小

溪，在长满绿茵苔藓的石头上画出绿色的光影，显得安静而惬意。

清晨，阳光透过树梢照进山间溪流中，清澈的溪水将斑驳光影反射向旁边的石壁，影随溪水而动，形成独特的斑驳光影效果。

第四纪冰川运动时留下的遗迹，在岁月的洗礼和潮湿滋润的气候中逐渐风化，橘色藻类在石块的表面出现赤红色，在秦岭山脊附近形成了一道独特的风景。

夏

小满

夏

小满

保护区海拔 2500 米左右的地方，春天似乎才刚刚开始，沟谷中树枝上的新叶翠绿绽放，充满了无尽的生命力。

阳坡的山谷中，粉色、白色的杜鹃花正在绽放，这是秦岭特有的物种——太白杜鹃。

红嘴相思鸟喜欢把巢筑在距地面 1 米多高的巴山木竹林丛中。碗状的爱巢里有四枚翡翠绿上镶嵌着紫色斑点的卵，这正是红嘴相思鸟爱情的结晶。

枯枝上一只雌性白眉姬鹟正在呼唤伴侣，它们早已在周围的大树主干上找好了洞穴，开始筑巢产卵。

夏

小满

“太白积雪六月天”是常有的事，从太白山主峰向南的第一道屏障兴隆岭，在一场大雨过后便露出了它的庐山真面目。沟谷已是满目苍翠，山脊却还是白雪皑皑。

喜欢生活在秦岭箭竹林中的褐头雀鹛，总是机警胆小，它们时隐时现的身影让人难以追寻。

因连续降雨导致气温突变，一只迷路的小太平鸟被迫降落在保护站附近。每当它孤身前去采食毛樱桃果实来补充能量时，常常会遭到成群的黄臀鹎和领雀嘴鹎的驱赶。无奈之下，它只能立在旁边的香椿树上等候时机。

还在空中翱翔、相互追逐的黑冠鹃隼正处于求偶期。这里是它们夏季繁殖育雏的理想之所。

山谷随着盛夏的临近变得翠绿而凉爽，一只还没有发育成熟的雌性红腹角雉正在悬崖峭壁上寻找嫩芽和昆虫。

首次在古镇附近的稻田邂逅这只迁徙途中落单的铁嘴沙鸻，是随同金斑鸻一起过境的鸟，与它们搭伙同行的还有青脚滨鹬、黄鹡鸰。

从巴山木竹林上迁至秦岭箭竹林中的金胸雀鹛，还在宛如牛毛般的竹枝间蹦来蹦去。它们也进入了筑巢繁殖期。

徒步于丛林里，无心的惊扰让众多蝴蝶翩翩起舞。忽然，一只乳白色的中型凤蝶飘荡在眼前，身体斑纹呈黑褐色，前翅外缘有黑褐色横带，原本有两条细长的尾羽，如今只有一条随风摆动着，原来这是一只残尾的乌克兰剑凤蝶。

插秧季临近，农人们正在忙着括坎护坎，为了能及时找到被刨出的新鲜食物，朱鹮总是喜欢伴随在劳动者的周围。儿时，父辈们常说的一句话，此时仍记忆犹新："小满栽秧家罢家，芒种栽秧普天下。"

小满

夏

初夏虽然正是野生大熊猫一年中最幸福的季节，但在海拔 1800 米以下的巴山木竹林中，昔日鲜美多汁的新笋已经长高变老，有的长成了新生的竹子，最后出土的也有 3 米多高，木质化严重。

这只跋涉途中的大熊猫，正在逐步向海拔 2300 米以上的秦岭箭竹林中迁徙。此时，秦岭箭竹的新笋才刚刚露头，虽然纤细，但数量多且美味多汁，更容易满足它们的日常需求。何况高海拔区域如同天然空调，气候凉爽，蚊虫较少，对于毛皮厚如地毯的大熊猫来说，高海

拔的巴山冷杉、秦岭箭竹林下才是它们安然度过盛夏的最佳栖息地。

初夏的森林由黄绿逐渐转为绿色、墨绿色，在云雾的笼罩下显得更加葱郁和神秘。

芒种

暖风拂面，万木争荣，气温一天高似一天。牵着小满的衣襟，芒种快步走来。芒种是二十四节气中的第九个节气，预示着仲夏时节的正式开始。

初夏的清晨，还带着几分凉意，阳光慢慢爬上山峦洒向大地。万物生灵都充满了勃勃生机。

夏

两年后才能从蝌蚪变成蛙的过程显得有点漫长。这只隆肛蛙已经在干净清澈的溪水里产好了今年繁殖的卵带，现在只需等待阳光将水温升高，它的宝宝们便会成为蝌蚪。

阳光下，一只牛头伯劳正在天鹅绒紫薇圃田里寻找可口的食物，鸟和紫薇发红透亮的叶片融为一体，尽显自然的美妙。

蜗牛背着重重的壳，在玉簪布满经脉的叶片上慢慢向前爬行着。

无毒且胆小的翠青蛇受到惊吓后钻进路边的石头堆，从下面探出头来看个究竟。翠绿色的身体和自然环境融为一体，这也是它们生存的自我保护措施。

春天绽放白色繁花的蔷薇科植物毛樱桃，在小满节气之后，它们的枝干上挂满了颗颗红宝石般的浆果。毛樱桃成熟后微苦带甜的果实为蓝喉太阳鸟、黄臀鹎、领雀嘴鹎、噪鹛等鸟类提供了夏初的美味佳肴，同时也是松鼠、果子狸和黑熊度夏的重要食物。

芒种节气已至，大家你追我赶，不到几天工夫，稻田里已经一片淡绿色。庄稼人播种了一年的希望，盼着风调雨顺和金秋十月的来临。田地里一派忙碌景象，蓝翡翠则趁机饱餐了一顿。它从电线上俯冲下来，在耕地里抓到了一条很大的蚯蚓，来回摆头摔打，试图将蚯蚓摔死后再吃进肚子里。

正处于育雏期的紫啸鸫在林区河边随处可见，它们喜欢用苔藓把巢搭建在路边的悬崖峭壁之上，听到异响就迅速飞到河滩的石头上静观其变。

炎炎夏日，保护区内绿树成荫，监测和巡护工作依然有序开展。勺鸡妈妈带着自己刚刚孵出来的宝宝们走出草丛沐浴阳光，这是为了让小雏在阳光下补充钙能和丰满羽毛。

平日里并不常见的鹰科鸟类鹰雕，属于国家二级保护动物，它站在远处林缘边漆树的枝干上，用敏锐的眼神凝视着来客。

清晨，朱鹮爸爸总是频繁归巢，为了更好地展现自己，它每次除携带食物外，还会叼着一些树枝和枯草来增加巢材。树杈上，这两只朱鹮宝宝和谐相处相互理毛。之前巢穴里有三只，一个月后，当它们日渐长大，对食物的需求更加强烈时，彼此间经常相互夺食、打斗，甚至会对自己的手足痛下死手，把它们推出巢外。

随着气温的不断攀升，羚牛已经由一个个小家庭组合成大群逐渐向山顶汇集，这里有刚刚露头的青草，还有雄性决斗的场所。它们多夫多妻、以强取胜的交配制度，决定着这个物种的兴衰。

从这里俯瞰保护区，蓝天白云和层层叠叠的山峦云雾缭绕，尽显自然的美丽。

夏

空旷的森林里时不时传来“嘀嘀、嘀嘀”发电报般的鸟鸣声，这是方尾鹟在歌唱。午后，一只大熊猫来到河谷边，畅饮完甘甜可口的溪水后，坐在河边的大石头上久久不愿离去，就因峡谷中的水流加速了空气的流动，这里的凉爽让大熊猫感受到了初夏的舒适。

芒种

在保护区海拔 2400 米阳坡秦岭箭竹林的边缘，一只雄性血雉一边沐浴着清晨的阳光，一边为产卵的伴侣站岗放哨。雌性血雉会将产卵的巢址选择在阳坡大树根部或者低洼的草丛中。

在这个海拔高度，随着季节逐步推进，四川杜鹃和太白杜鹃都已进入末花期，随之而来的是喜欢生长在石崖峭壁上的秀雅杜鹃，它们已经绽放，紫色的花朵显得更加稳重而优雅。

山区的清晨，各种婉转动听的鸟鸣声会让您从梦中醒来，鹰鹃正在银杏枯萎的高枝上歌唱着“李贵阳、李贵阳”。

海拔 2300 米左右的阳坡林缘灌丛草地上，几株多年生兰科植物太白杓兰正处于盛花期。紫红色的花朵在微风中摆动着，耀眼夺目。

盛夏的午后，水温升高，秦岭细鳞鲑成群相聚在水潭上游入水口，这里氧气充足，时不时还有食物顺溪而来。

芒种

俯瞰被绿色逐渐淹没的村庄，这里才是天然氧吧、康养基地。神奇的大自然在不同时节，总能让人感受到不一样的四季轮回的神奇。

夏至

连雨不知春去，一晴方觉夏深。夏，与凄凉无缘，与悲伤无染，四野青葱，满是激情，一把摇椅，一碗浓茶，慢摇，轻咂。幼鸟在夏日里欢快成长，芬芳野果也有了甜美的滋味。夏至已至，万物茂悦。

盛夏来临，踏入幽静的山谷，处处溪水涓涓，光影斑驳。

秦岭南坡的第二道屏障兴隆岭附近的亚高山草甸上，黄

夏

花鸢尾、黄槿、龙胆、头花杜鹃已相继绽放。这株生长在秦岭箭竹林旁的川赤芍正在展露一年中最娇艳的姿色，它们的根和茎可以入药，可清热凉血，对活血祛瘀有很好的功效。

原以为是候鸟的鸳鸯，现在也停留于古镇附近的河滩水塘。它们在这里安家落户，开始了一年一度生命的延续。刚刚离巢的小雏们跟随在妈妈身后，在溪水中欢快地享受着仲夏的凉爽。

豆科的合欢今年的花朵减少了很多，长得细如发丝般的雄蕊像一朵朵绽放的烟花，这是蝴蝶们的最爱，中华蜜蜂也不会放过每天清晨采蜜的机会。合欢有一个美妙的传说，据说恋爱时期的男女，来到合欢树下谈情说爱，就能终成眷属。所以合欢树被大量引进栽植到城市公园。

作为秦岭南麓新居民的小鸦鹃又回到了汉江谷地，它们将在这里筑巢繁殖，待到秋天时，它们将拖家带口再回归南方。

随着盛夏来临，气温升高，在海拔 1800 米以上的林区，具有血液毒性的秦岭蝮蛇纷纷出洞。它们喜欢在路边半裸露的石头上或草地间晒着太阳，中午温度过高时就会躲回洞穴休息。

并不常见的领鸺鹠妈妈带着两个刚会飞的宝宝躲藏在茂密的泡桐树荫下，探头探脑地看着树下的不速之客。它们更喜欢在居民区附近树木较多的地方栖息繁殖。

夏至临近，秦岭南坡石崖上放置的棒棒巢箱，终于接来了蜂群，在此安家落户。

在海拔 1500 米左右的林下，树叶或藤蔓枝条上，到处可见像口水一样的白色泡沫悬挂在上面。这是什么呢？轻轻打开，清晰可见，

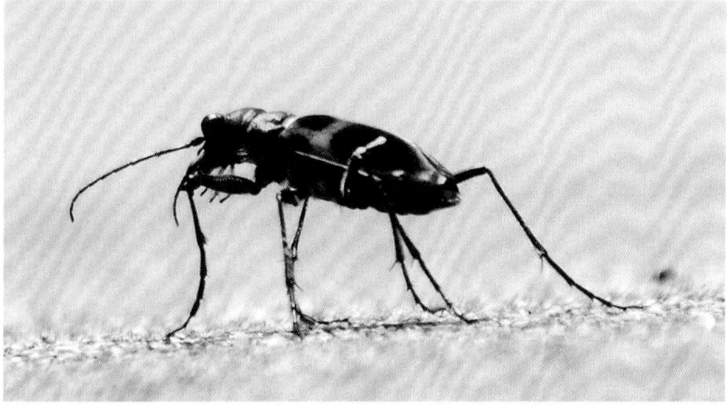

裹在其中的是沫蝉幼虫。泡沫一方面是不让幼虫失水，更重要的是用这种方式自我保护，不让鸟类发现，被当成美餐。

天气变热，所有的昆虫都开始活跃起来，一只虎甲时飞时歇，在地面上寻找着伴侣，为新一轮的繁殖做着准备。

在荒地边缘，一只白胸苦恶鸟一边轻步慢移，一边小声“苦恶、苦恶”，呼唤着同伴。

此时，雌性红腹角雉身负重任，看护着已经孵化出的小雏们，带领它们学习、四处觅食游荡。这只身着华丽外衣的雄性个体，还悠闲地在草丛漫步。

走进山林，空气中弥漫着野生中华猕猴桃花的丝丝香甜，它们提供的大量花蜜和花粉，使勤劳的中华蜜蜂从早忙到晚。一场雷阵雨过后，林区巡护小径上落满了中华猕猴桃的花瓣，不由得使我想起了孟浩然“夜来风雨声，花落知多少”的名句。

在枫杨枯枝的顶端，两只星头啄木鸟一上一下，共同寻找着可以填饱肚子的美味幼虫。

雨中，空旷的山沟电缆上，成群的红嘴长尾蓝鹊都在抖水晾毛，其中有两只正在交头接耳，窃窃私语。

刚刚离巢的朱鹮宝宝们，跟随亲鸟来到稻田中，开始学习生存本领，时不时还向父母乞讨着食物。这只朱鹮妈妈身后总是跟着一只“跟屁虫”，它走到哪里宝宝就跟到哪里。跟得最紧、跑得最快者，总会得到妈妈的奖赏和偏爱。这种行为印证了我们常说的“会哭的孩子有奶吃”。

高空中，一只珀氏长吻松鼠在树枝上如履平地般奔跑，就像一位表演高空杂技的演员。它时而头向下，沿着水杉树干快速向地面运动。突如其来的快门声让它停下了脚步，用好奇的眼神凝视着不速之客。

夏至

夏

夏至

高山上的凉爽，让大熊猫上迁至巴山冷杉、箭竹林下。在这里没有蚊虫，只有像麦浪一样的秦岭箭竹林，林下新笋美味可口，随处可见。这只大熊猫正在树荫下享受着炎炎夏日里的惬意。

山脊附近动物通道旁，树干上两道深深的牙痕清晰可见。这是大熊猫最近才留下的标记，它们用这种方式告诫着同类，表示它的实力和存在。

夏

山巅之上的巴山冷杉树梢开始泛着灰绿，太白红杉也展露出稚嫩的黄绿色，它们都开始抽枝吐芽。秦岭箭竹也长出几片新叶，在微风的吹动下泛着翠绿。大熊猫在这里避暑，羚牛群在这里聚会。

小 暑

新绿层叠，繁花遍野，鸟兽怡然。盛夏的森林生机勃勃。

保护区的山巅上，阔叶树种才刚刚展开它们稚嫩的新叶。阔叶的翠绿和针叶的灰绿相互交融，相互依存，让盛夏的山脉充满了无限的生命力。盛夏临近，在蓝天白云下，森林逐渐由翠绿变为墨绿，从稚嫩走向成熟。

夏

小暑

林间阳光斑驳，植被郁郁葱葱，在这样的环境里巡护监测，是一种奢华的享受，更是生态保护成效的体现。

雨后，山野间水雾缭绕，给秦岭主脉增添了几分神秘。

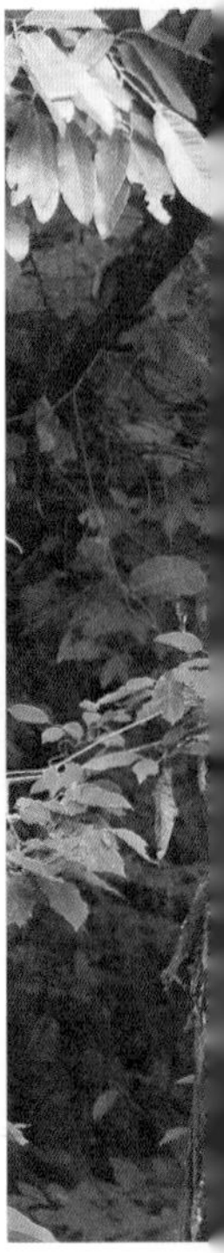

夏

小暑

潮湿闷热的森林里，一团耀眼的色彩吸引了大家的眼球，原来是一只雄性红腹锦鸡跳上树枝，在晾晒羽毛。

一只流浪猫躲在灌木丛中，试图袭击一只灰胸竹鸡幼雏。机智又经验丰富的灰胸竹鸡妈妈迅速飞到柳树上发出“嘎哇、嘎哇”的警诫声。

怕光的斑头鸺鹠找到了一个和自己身体颜色相近的环境来午休，这是为了更好地自我保护。一般鸮形目的鸟类都喜欢在晨昏时分活动。

此时，黄腿渔鸮早已躲进了水库边的森林里。水库里有丰富的鱼类资源，这里是它们安居、繁衍后代的家园。

夏

潮湿闷热的森林里，一串串绿色花序如风铃般在微风中轻轻摆动着，这就是湖北枫杨。湖北枫杨属胡桃科高大落叶乔木，也叫“麻柳树”，叶互生，奇数羽状复叶，雌雄同株，果实为长椭圆形，基部常有稀疏绒毛。它用自己独特的形态点缀着盛夏的森林。

小暑

多数寿带早已育雏成功。小鸟跟随在亲鸟身后，游荡在丛林中。这窝即将离巢的寿带，白色雄鸟（寿带雄鸟有白色和栗色两种色型）还在忙碌于树冠和巢穴之间，一趟趟带回更多的食物，期盼着宝宝们早日丰羽，飞向丛林。

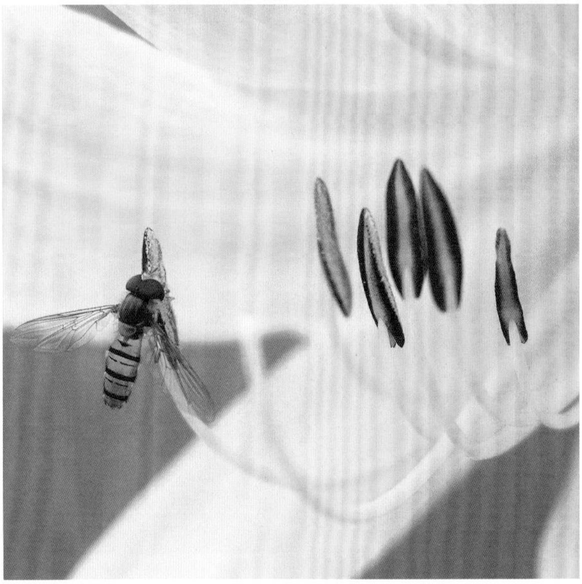

夏

路边的灌木丛中，悬挂在树梢上的一只刚刚由稚虫羽化出来的大蜻蜓正在慢慢变化，此时，需要阳光和时间才能让它成为带翅的精灵，飞向蓝天。

难得一见的宽尾凤蝶，总是喜欢把自己的卵产在厚朴树叶片背

面，随着气温的升高，它们将变为幼虫逐渐长大，破茧成蝶飞向丛林。这只幼虫还处于第二个生命周期。

沟谷间一只夺目的蓝色精灵时刻吸引着我们的眼球，随着它的舞姿定格在巴山木竹的叶片上，我们发现原来它是一只双翅带有蓝色金属光泽的美丽蓝灰蝶。

田埂上，黄花菜刚刚绽放，一只黄色的食蚜蝇和环境色彩保持一致，它正爬在最前端的花蕊上吸食着微甜的花蜜。

从微观的视角去观赏路边草丛中的蜘蛛网，悬挂的水珠会带你进入另外一个世界。

停歇在银杏树顶部的大杜鹃（俗称“布谷鸟”）显得有些孤单寂寞。它时不时飞来飞去，偶尔还发出“布谷、布谷”般婉转优雅的鸣叫。其实，它是等待寄生在别人家里的宝宝出壳，或是正在观察，焦急寻找着可以下手的鸟巢，用自己独特的巢寄生繁殖方式，让别的鸟类来帮助它们养育后代。

夏

两只中华黄葩蛱蝶停歇在阴影下的石壁上，找到了自己所需的矿物质，正在微微移动着舔舐。

五年前，斑羚集体性患了一场皮肤病，给秦岭森林里的斑羚种群带来了毁灭性的灾难，它们大批量死亡，到处都能看到腐烂后的尸骸。经过适者生存的自然法则，现在又能看到它们奔跑跳跃在山巅上的身影，我感到无比的欣慰。

穿行在密如牛毛般的秦岭箭竹林下，草丛中的白色物体使我前行的脚步停了下来。乍一看，像土豆又像断裂的红薯，周围还散落着白色的粉末，开始有一点风化。解剖开来，里面有竹叶，还有尚未被消化的羚牛毛发和一些动物的指甲。看来是大熊猫在野外捡食了动物的尸体后排泄的粪便，它们并没有忘记祖先留下的食肉习性。

蓝天白云下，山高牛为峰。大石头上站立着一头放哨的羚牛，它用异样的眼光死死地盯着下方。为了更好地保护自己的牛群，担任放哨警戒的都是年轻的未成年雄牛。

夏

小暑

秦岭冷杉、箭竹林中，鸟鸣阵阵，更多的是柳莺类高频率的歌唱。忽然，对面山坡宛如牛毛般的秦岭箭竹林丛中，一个若隐若现的白色物体在微微晃动着。原来是一只大熊猫爬到竹丛中一块大石头上露出了头，正偷窥着我们，可转瞬又消失得无影无踪。

晚霞映红了天际，赤红的云朵后，只能隐约看出秦岭山脉的轮廓。

大 暑

大暑运金气，林深不知秋。夏季的最后一个节气，却也是溽热的起始。民谚所谓“小暑大暑，上蒸下煮”。“日”下面一个“者”，每到大暑，“暑”这个字的含义便又明确了些——顶着太阳的奔波行者，好在林子里的雨可以不时缓解这份焦躁。

雨过天晴，一束阳光穿透云雾、划过山巅，洒向神秘的沟壑深处。

多日降雨，令广袤的森林内云雾缥缈。由近而远的道道山廓，彰显出秦岭的雄伟与灵秀。

在多雨的日子里，原始森林边缘的溪流变得更加欢快而湍急，它们不再是昔日里的涓涓前行，这也为密林增添了怒放的歌喉。

大暑

点点光斑从密林中透出，沿树冠下垂的藤蔓像一串串黄绿色的花带，它们将墨绿色的盛夏点缀得焕然一新，这是忍冬科植物盘叶忍冬的杰作。

充沛的雨水让高海拔区域悬崖峭壁上石竹科的湖北蝇子草开满了粉红色的小花，它们将陡峭的山坡点缀得如诗如画。

东方草莓用鲜艳娇嫩的果实吸引动物前来觅食，并借此传播种

粒，而山茱萸科青荚叶属的青荚叶则用独特的方式，将每颗种粒结在绿叶的中央，它们这种特性是为了让种子成熟后更易滚落，也更易让传播者发现。

海拔 2100 米以上的沟谷边小径旁星星点点，满地都是红色或白色的硕果。红色的是东方草莓，白色的是黄毛草莓，它们酸酸甜甜带着奶香味的球形聚合果是黑熊、果子狸、乌鸦等动物夏季的口粮。

一只蟹蛛将自己的身体伪装在菊科植物泽兰的花蕾上，张着两个大钳子，等待着访花昆虫的前来。守株待兔式的捕猎方法是它们的生存之道。

全身黑色盔甲，带着白色斑点，像直升机一样慢慢从空中降落在前方葛藤上，这是鞘翅目昆虫天牛科的星天牛。它们大多一年一代，以幼虫越冬，每年 6~7 月是成虫出现的高峰期，平均寿命只有 40~50 天，每次飞行距离可达 50 米左右。

松软的沙地上，三只箭环蝶排着整齐的队伍正在吸食着豹猫粪便里的矿物质。

“一人吃饱全家不饿”的东方菜粉蝶就悠哉多了，阴凉的沟谷旁，它正在菊科植物蒲儿根的花朵上吸食着花蜜。

夏

连绵不断的阴雨使盛夏变得潮湿而闷热。身藏剧毒并披着华丽外衣的菜花原矛头蝮，也叫“菜花烙铁头”，它是秦岭南坡的一种具有神经毒和血液毒混合毒性的蛇类，刚从巢穴中爬出来便将自己伪装在草丛中，一边享受着雨后的凉爽，一边等待着猎物的到来。

过量的降雨让森林的每个角落都吸足了水分。林下腐殖层中的菌类开始快速生长。黄色的、白色的、紫色的珊瑚菌在阔叶林和针叶林下随处可见。

与众多鸟类相比，这只雌性棕腹仙鹟的爱情来得晚了一些。它嘴叼肥硕的昆虫，来来回回在巴山木竹林中穿梭。这是它正在哺育刚刚出壳的宝宝。

茂密的竹林永远是鸦雀类藏身的家园。随着鸟浪而来的白眶鸦雀，让观鸟者欣喜若狂。

夏

大暑

所有朱鹮夫妇都已结束了一年一度的育雏期，即将离巢回归夜栖地。已经离巢的朱鹮小年轻们，每天跟随着亲鸟来到觅食地，令人欣慰的是，它们已经开始了独立的生活，吃饱后站在高大的柳树枝头，享受着午后习习微风的凉爽。

山脊附近秦岭箭竹林下，即将长大的血雉幼鸟随同父母来到竹林边缘，悠闲地戏耍、追逐、沙浴、觅食，学习着各种生存本领。

随着盛夏季节来临，羚牛群在山顶的交配期也已经结束。它们又组建了新的家庭群，逐步向海拔2400米的山坡沟谷迁徙。从茂密的秦岭箭竹林中，缓缓走出两头羚牛兄弟，两岁半的哥哥带着一岁半的弟弟，不慌不忙地站在裸露的石头上，俯瞰着沟谷。

秦岭大熊猫主食的竹子有两种，那就是巴山木竹和秦岭箭竹。此时，身处夏栖地的大熊猫，最喜爱的就是秦岭箭竹的新笋。虽然已经长高变老，但笋还是翠绿挺拔，身披水珠等待着国宝的归来。

夏

盛夏来临，气温一天比一天高。在海拔2600米以上的森林中，高强度的紫外线穿透了所有的冷杉、箭竹林。在一处林子边缘，巴山冷杉树干上的爪痕清晰可见，这是大熊猫为了捍卫夏季栖息地留下的标记。

前行的沟谷有些闷热，偶尔有丝丝凉风吹来。右侧山坡秦岭箭

竹林中传来“噼里啪啦”的响声，一只大熊猫急匆匆地冲向沟谷，在唯一的小水潭里卧了下去，浅浅的溪水也只能容下它半个身体，它时不时用前掌撩拨水花，试图湿透全身，来一次凉爽的沐浴。可惜，我们虽只相距6米，但由于相机镜头焦段太长，还是无法记录全部过程。

山坡边紫红色心状的树叶上，叶脉就像人体的血管一样分布着，这是植物输送营养的器官。叶片的边缘挂满了晶莹剔透的小水珠，在镜头下的微观世界显得如此美丽。

立 秋

云天收夏色，木叶动秋声。山雨霏霏，鸟兽灵动，稻穗授粉，森林的盛夏即将结束。

炎热的暑期，家长带着孩子们走进大自然。午后，一场突如其来的雷阵雨，瞬间东边日出西边雨，大雨过后，彩虹随之环绕着山峦，这是七月秦岭山区常有的自然景观。

秋

从山里出来，路过河边，成片的千屈菜随风摆动。清澈的河水和紫红色的花序，勾画出大自然的柔美和绚丽。

绽放的橘红色小花是石竹科剪秋罗属的浅裂剪秋罗，它们喜欢生长在林缘草地、灌丛间、山沟路旁及草甸上，属多年生草本植物。

带刺的藤蔓枝尖上，结满了颗颗橘红色果实，这是蔷薇科的覆盆子。变黑的已经成熟，酸甜可口，深受所有动物的喜爱。

藏刺榛弯曲的枝干上缠满了五味子的藤蔓，枝叶间挂满串串还未成熟的青红色果实，到深秋时节，将成为黑熊和松鼠们的美味佳肴。

似绳索一般扭曲生长的兰科植物绶草，现在已是鲜花绽放，它们独特的造型和粉红色的小花朵，在绿草丛中总显得有些特别。

平日里很难见到这种长着栗红色翅羽，头顶黑色时髦凤冠的鸟，它是杜鹃科鸟类红翅凤头鹃，在森林中经常只闻其声不见其影。繁殖期已经结束，它们已做好南迁的准备。

寄生鸟类大杜鹃的常见寄主为北红尾鸲、家燕、棕头鸦雀、白鹡鸰、红尾水鸲等雀形目鸟类。这只大杜鹃幼鸟比北红尾鸲的幼鸟更早孵化，孵化成功后，它会本能地把北红尾鸲的雏鸟以及还未孵化的卵都推出巢穴，独享养父母的饲喂。甚至长得比养父母还大后，大杜鹃也不会被抛弃，养父母依旧会辛勤抚养着这个“巨婴”，直到大杜鹃拥有独立的生存能力。鸟类的巢寄生现象，让我们感受到生物界的奸诈与恶毒。不过，从“物竞天择，适者生存”的角度来看，这也是大自然的发展规律，不应过多人为干预。人类也有类似的故事在发生。

秋

玉米刚刚抽放出它们稚嫩的花序，火冠雀便从海拔 2800 米山巅的头花杜鹃上闻讯赶来，在花序中寻找着可食昆虫。此时，它们已经没有了繁殖期头戴火冠的模样。

站在山巅，俯瞰脚下的林地，尽管绿草葱郁，野花遍地，风景如画，但经过采伐后的森林毕竟存在着很多缺憾。

走在山间小径上，处处可见黄色的蔷薇科小花。这种不起眼的花朵，是夏日里大自然对我们守山者的馈赠。

挂在树枝上像铜钱一样的果实是青钱柳的种子。青钱柳又名“摇钱树”，是一种高大落叶乔木，单数羽状复叶，果实有革质水平圆盘状翅。青钱柳生长在海拔 500~2500 米的阔叶林中，被誉为“植物界的大熊猫”“医学界的第三棵树”。它们叶片中富含的水提物和醇提物（皂苷、黄酮）均可以保护血管的通透性，扩张冠状动脉和改善血液循环，能够有效调节人体糖代谢，激活胰岛器官功能，从而起到降血糖的作用。

茂密的绿荫丛中，一只雌性勺鸡正悠闲地觅食散步，享受着林间的凉爽。

刚刚偷吃完蜂蜜的亚洲黑熊，有的已经下迁到农田附近，寻找可以得手的新鲜玉米，有的上迁到海拔2000米以上，正在寻找刚刚成熟的悬钩子果实来填饱肚皮。

远处的山垭口，一对羚牛正在悠闲地漫步，凉爽的山间是它们度过盛夏的家园。

随着立秋节气的到来，稻田中的秧苗早已封沟成林，准备抽穗授粉。此时，朱鹮成群来到茶田边，在沟壑间寻找着肥硕的昆虫大餐。

秋

葱绿的植被沉浸在多雨的季节里。山林总是在水汽蒸腾和云雾缭绕中度过它们的盛夏，这种表现方式更显秦岭祖脉的神秘。

雨后，散去的水雾让天空变得湛蓝，云更白，森林更加葱绿清新。

在云雾缥缈的山林中，矗立着一座不起眼的小山峰。从侧面观望，它的形状更像是一位酋长的面容。

西水河源头溪水涓涓，由东向西缓缓奔向汉江。茂密的秦岭箭竹林中，一只大熊猫慢悠悠地钻了出来，走到溪水边，俯身开怀畅饮。本以为会上演儿时所听到的“大熊猫醉水”故事，不料喝完水的大熊猫在身旁一块连山石上坐了下来，抬起头向河流上游嗅了嗅，似乎发现了什么，抬起后腿开始给自己挠痒痒。片刻之后，它便消失在旁边的箭竹林之中。

秋

立秋

盛夏，在多雨的高海拔地区，雨水汇集在一起，穿透森林，汇聚在平日干枯的山溪中，形成一道道耀眼的小瀑布。雨水也一次又一次对秦岭箭竹林进行冲刷，涓涓水流汇在一起，沿着山沟奔向西水河源头。秦岭被称为中国“中央公园”“中央水塔”。长青自然保护区林下的条条清澈溪流为国家的“引汉济渭”“南水北调”工程提供了丰富的水资源，这也是多年来生态保护成效的体现。

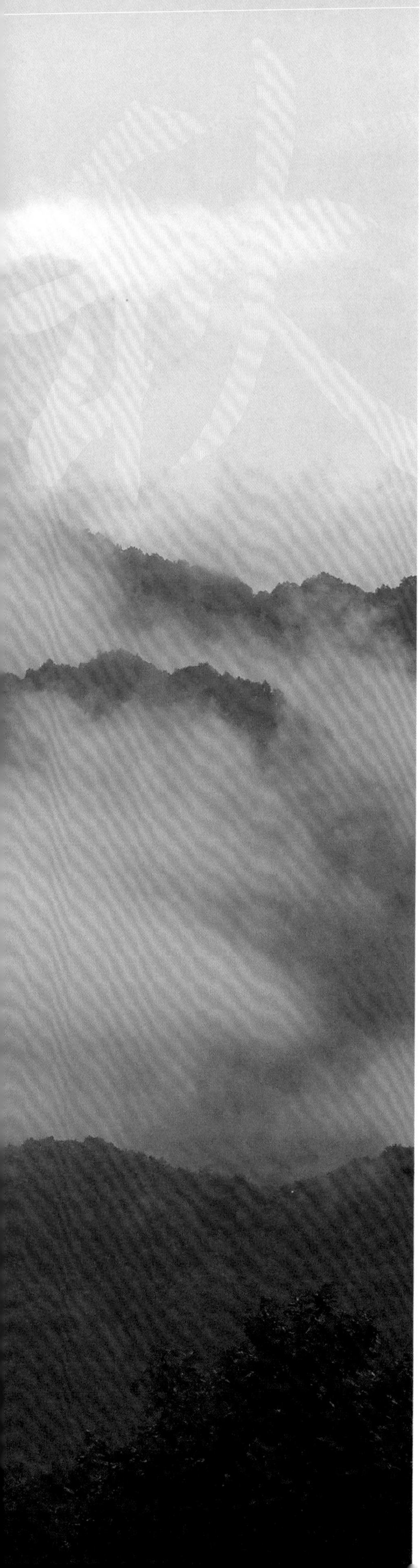

处暑

尘世未徂暑，山中今授衣。黄叶偶飘零，飞鸟欲迁离，森林的初秋悄然而至。

多雨时节，秦岭的山脉总是在云雾缭绕中时隐时现，展现出它的博大与神秘。

田埂、沟边、路旁随处可见毛茛科的大火草，山区里也叫“野棉花”，此时鲜花盛开，为秋天增光添彩。

秋

桦木科榛子的种实已经开始饱满成熟，坚实的果皮内果核油脂芳香，泊氏长吻松鼠早已经在树冠上爬来爬去忙个不停，为越冬做好粮食储备。

秋

肉质球形的聚合果错落有致地排列在树冠上，这是山茱萸科四照花的果实，当地人也称“石枣”。随着昼夜温差的加大，它们会变成褐红色。成熟后的果实，是黑熊、松鼠和雀形目鸟类的美食。

溪边的石头上，一片落叶，一颗四照花紫红色的浆果，宣告着山林中秋天的来临。

清晨，林间小道旁淡黄色的叶片上，露珠在逆光下闪闪发光。随着秋天逐渐深入，椋木的叶片已经开始脱落。

在峨眉蔷薇的植株丛中，绿叶后有两只绿豹蛱蝶正在完成它们繁衍的使命。

开着圆形头状花序的川续断科川续断，长满绒刺的瘦果顶端外露。一只绿豹蛱蝶不失时机地飞来吸食着有限的花蜜。

一只意草蛉正停在叶片上，身体橘黄，翅膀乳白，一动不动。它刚刚从幼虫羽化为成虫。在阳光和时间中，它的翅膀很快会变为透明色，瞬间飞向丛林。

空旷的树林间，一只棘腹蛛正在忙碌地织建自己的网。在斑驳的逆光之下，整张网就像一个指南针，随着观察者移动的脚步，中间的“指针”在蓝色的光芒中微微摆动着。

像风铃一样在微风中轻轻摆动的花朵，在沟谷边或公路旁已经随处可见。它们是桔梗科风铃草属的紫斑风铃草，因花冠呈钟状，白色，具紫色斑点而得名。

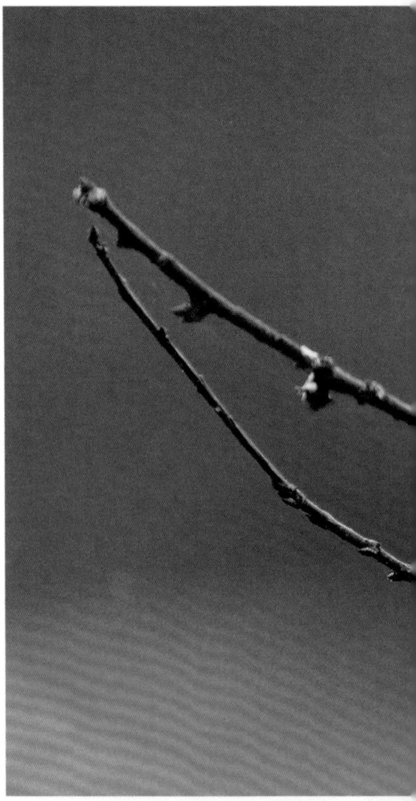

高海拔区域常见的银脸长尾山雀，一只幼鸟正跟随妈妈在冷杉、箭竹林中飞翔觅食。当秋色渐浓时，它们会成群下迁到海拔1500米左右的中山区，以便越冬。

刚刚结束繁殖期，在秦岭箭竹枝头鸣叫的三趾鸦雀，它们成小群活动，有垂直迁徙的习性，主要以昆虫和植物果实、种子为食。三趾鸦雀，顾名思义脚仅有三趾，有一趾在长期的自然选择中退化，属中国特有鸟种。

梾木的枝头又挂满了蓝紫色小果，它们的成熟为很多鸟类丰富了秋季的食谱。平日里无法找到的红翅绿鸠，此时也成对惊现于梾木的枝头。这是秦岭南坡极难发现的鸟种之一。

在酉水河上游监测途中，茂密丛林里，一只黄腿渔鸮的身影又出现在我们的视野。它的眼睛怕光，所以只有等待夜幕降临后才出来猎捕河中的秦岭细鳞鲑。

处暑

天气逐渐开始转凉，山顶的阔叶树已经挂上了淡淡的色彩。沟谷间传来一阵阵“咿呀咿呀”的鸣叫，偶尔还能听到树枝被折断的声响。原来是川金丝猴群正在沟边采食成熟的狗枣猕猴桃果实。

久雨放晴，野猪携妻带崽从茂密潮湿的巴山木竹林钻出来了，在开阔的空地上，沐浴着清晨温暖的阳光。

巡护监测途中，一位同事发现了一只刚足月的大熊猫幼崽。第二天我们迅速赶到，可惜，大熊猫妈妈已经带着宝宝转移至别处。只留下了一些被咬断的竹枝和用来铺垫巢穴的枯枝败叶。

巴山木竹林中又开始出现了大熊猫的身影，需要分娩的大熊猫早已下迁至海拔 1800 米左右向阳的山坡。悬崖峭壁下、巨石旁、石块堆积形成的自然山洞都是它们的产房。由于多年的采伐，秦岭山区的大熊猫只能因地制宜选择这样的环境来繁殖哺育它们的后代。而在一些其他山系，大熊猫选择的则是中空的大树，在树洞中分娩哺育。

处暑

在高海拔原始森林的边缘，从低处涌上来的热流遇到冷空气后，瞬间形成了水雾，缓缓飘向山巅。

白 露

蒹葭苍苍，白露为霜。黄叶飘飞，野果成熟，鸟兽安然，森林的秋天来了。

秦岭南坡四面环山的盆地有一种小江南的感觉。周围群山整日被云雾笼罩着，山脉总是时隐时现，显得温润潮湿。

山区迎来了一年一度的雨季，日照减少，水稻在潮湿的环境下逐渐变得柳黄。

秋

水稻也随着秋天的步伐开始成熟，沉甸甸的稻穗压弯了枝头。这一切预示着丰收即将来临。

登高望远，俯视山间盆地里的稻田。一块块，一条条，黄的、绿的、柳黄的，由弯曲的田埂将所有相连在一起，构成了一幅完美的图画。

随着丰收时节的临近，一只雌性环颈雉也不失时机躲在田埂上，享受着秋天里最丰盛、最新鲜的食物。

带着浓浓秋色的蓼科蓼属植物杠板归，喜欢生长在石头较多的环境里。结着蓝紫色果子的果梗上带着荆刺，当地人也叫它们“老虎刺”“犁尖草”“蛇不爬”“贯叶蓼”。它的全草都可以入药，有化瘀补血、利水消肿、清热、活血、解毒的功效。

一只幼年铜蜓蜥在入冬前需要茁壮成长，它正在石块缝隙的边缘享受着秋日里的阳光。

粗壮的垂柳主干上，一只雄性赤胸啄木鸟正沿树干旋转着，用自己坚硬的喙将树皮下的害虫逐一清理出来。

路边偶尔看到耀眼的紫色花朵，这是桔梗科的沙参。它们正在用最后的绽放装扮着多彩的秋天。

秋天，河边、路边随处可见绽放的紫色花序，这是巴东醉鱼草。一只柑橘凤蝶正在其间造访弄花。

在绵绵细雨中，一只斑头鸺鹠萌萌地站在木桩上发呆，也许是在晾毛，也许是在等待猎物的现身。

淅淅沥沥的秋雨中，一只还是亚成体的灰卷尾从空中猎捕到了一只蝴蝶，飞到木桩上停歇，这“嘴”到擒来的美食竟让它有些不知所措。

噪鹃也是用寄生的方式来繁衍后代的。厚朴林中，红嘴蓝鹊夫妇在三个星期前孵化出三雄一雌噪鹃宝宝，在它们的精心喂养下，停歇在香椿树密枝中的噪鹃兄妹，正在学习飞行和寻找食物的本领，偶尔也会得到养父母们的奖赏。年幼的噪鹃们正在茁壮成长，等待南归。

在巴山木竹林中，时刻和野生大熊猫相依为伴的红嘴相思鸟，正在翠绿的竹枝间放声歌唱，它用这种方式来提醒同伴此刻有危险存在。

一只由北向南迁徙的戴胜落在核桃楸的枝干上，静静地等待什么。在秋季的山林中，像这样近距离观察戴胜的情况并不多见。

在海拔 2100 米以上第四纪冰川遗迹的边缘，墨绿色的灌丛间挂满了米粒大小的褐红色团状果实，这是野生的花椒。树冠周围低矮处的叶片和果实，早已被羚牛取食得只剩下叶柄和带刺的枝干。

这头雄性独角羚牛，是从高海拔下迁到人工厚朴林地中觅食的。曾经，它也是群中王者，如今却已被家族淘汰，它头上的独角足以证明过去的一切。

多雨的秋天，连绵阴雨是常有的事。随着气温的逐渐走低，一些年老体弱的大熊猫已经开始向沟谷平缓地带迁徙。这里长满了一年生的巴山木竹，新生的叶片肥厚柔软，更容易满足它们的味觉和越冬前能量的储备。

白露

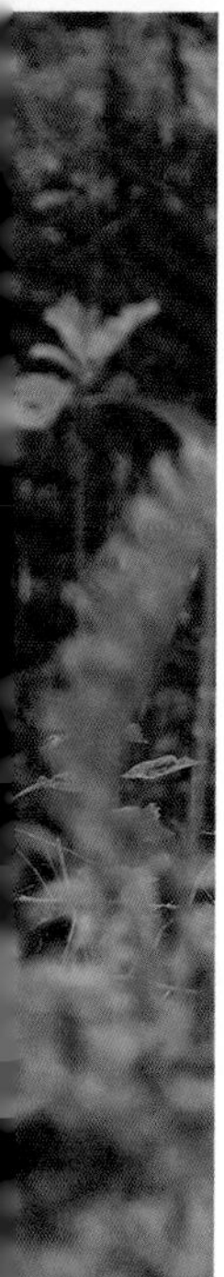

秋

酉水河源头清澈的溪水日夜不息地从保护区腹地流出。周边青榨槭的叶片已经开始变黄变红，即将变得五彩斑斓。

山林里的每一根竹子都被雨水冲洗着，吸足了水分的巴山木竹，叶片变得翠绿鲜嫩。刚刚被大熊猫取食后，留在取食残余旁的两团绿宝石般的粪便，静静地躺在那里，正在等待变色发酵。

一场场暴涨的洪水将西水河上游河道冲刷得干净整洁，它像一条蜿蜒曲折的长龙，在青山环抱中缓缓向西奔流着，流入汉江，汇入长江，最终奔向大海。

秋 分

风清露冷秋期半，花果飘香远。森林鸟兽享受着秋日盛宴，有时，从丰硕到凋零仅在一夜之间。

海拔2000米以上的山巅，针叶树依然是墨绿色，阔叶树已经开始变黄、变枯，脱落的叶片在秋风中到处飘荡。

雨水顺着山体逐渐向沟谷渗透，在悬崖峭壁上，常年的湿润环境适合苔藓生长，在雨

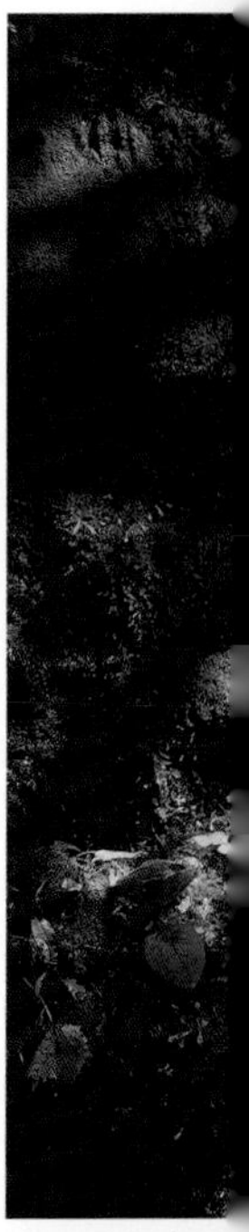

秋

季里,它们显得更为茂盛碧绿。

路边的草丛中，生长着许多耀眼的鳞茎近球形红色的花朵，它们是多年生草本植物红花石蒜。每年冬天可以看到如兰科植物般绿油油的叶子,更像韭菜。到了秋天,只能看到花，而叶子就不见了，花和叶是永远不见面的，因此也被称为“彼岸花”。

田埂上晚开的大火草，花朵绽放得更红更艳，与金黄的稻谷遥相呼应，将秋天的田野装扮得五彩缤纷。不远处的农田里不知疲惫的村民们，借着吉日将一颗颗金黄色的稻谷快速收割脱粒运回家中，晒干后归仓入库。秋天，终归是个丰收的季节。

虽然近日的连续强降雨让很多野花变得凋零失色，但葎草依然冒雨绽放，它们的花粉时刻吸引着勤劳的中华蜜蜂。

山坡边一株株鸡骨柴的条状花序已经到了秋天里最后的绽放。花序顶端一对黄纹旭锦斑蛾正在交尾，为来年的繁衍做着产卵的

准备。

垂挂在枝藤尖紫黑色球形的果实是蜀五加（五加科五加属）成熟后的果实。它的藤皮具有祛风除湿、舒筋活血、止咳平喘等功效。

悬挂在树干上的三叶木通灰褐色的果实已经开裂成熟，当地人也称为“八月瓜”。果壳中的果肉香甜可口，这正是动物们乐意帮它们传播种粒的理由。另一处树冠上，还吊着两个粉红色的果壳，里面的果肉早已被鸟类取食得干干净净，外壳已经开始腐烂。

又一次生命的轮回让厚朴结出了秋天里最耀眼的种实，随着秋色渐浓它们会自动裂开，种粒脱落，由此得以传播。

清晨，院内核桃树的枝杈上，一只雌性的星头啄木鸟正在不停地敲击树干，将里面肥硕的幼虫一条条抓出，印证了“早起的鸟儿有虫吃”的老话。

秋

晴天的午后，朱鹮更喜欢在溪边洗浴休息。雨天它们会选择开阔孤立的大树，站在树枝上理毛休息，期待雨过天晴。随着秋天的深入，它们的羽毛由繁殖期的铅灰色逐渐变为现在的粉红色。正在林边油松上午休的朱鹮家庭，给秋天带来了最美的色彩。一抹抹绯红滑过农舍的房前屋后，这种风景只有在秋季才能目睹和欣赏到。

山坡上传来“沙沙”的响声，原来是一只黄鼠狼，正用好奇的眼神一边观望着山坡下的变化，一边搜寻着猎物。

翱翔在高空的灰头麦鸡群体，正越过道道山峰，穿过层层云雾，一路向南去寻找自己越冬的家园。在连绵的阴雨中，它们被迫临时降落，在山坡的茶树行间寻找食物，恢复着体力，等待天气放晴，再踏上征途。

红喉歌鸲也叫“红点颏”，还没成熟的大豆地是它们隐身和觅食的绝佳场所。随着气温降低，它们也开始从北方向南迁徙，回归到越冬地，这里是它们迁徙途中的补给站。

秋

丰收季充足的食物来源让灰胸竹鸡毛色亮丽，体型圆润。它正迈着阔步在路边遛弯。

勺鸡兄弟的羽翼才刚刚丰满，便来到空旷的草地上练习搏斗，为开春的求爱之旅提前做着准备。

在海拔 2400 米左右的地方，一只皮毛光滑的隐纹花松鼠正在享受秋日里温暖的阳光。它面对镜头有点害羞，听到快门声便有些不知所措。

滴滴雨水汇聚在一起，填满了山间所有的沟壑溪流，它们欢笑着奔流而下，瞬间让酉水河、汉江水位暴涨。

雨过天晴，阳光穿过云层，透过晨雾，将金色光束洒向层层叠叠的山脉，瞬间云雾缭绕，沟壑纵横都清晰可见。

秋

秋分

寂静的西水河源头是国宝们安全的家园，巡护归途中，不经意便能邂逅它们觅食或趴在河边饮水的精彩瞬间。

在天地间，我们是客还是主呢？人生须臾，宇宙无穷，我和这些秦岭山中的动物、植物，谁不是光阴的过客？但每一个生命都知道自己的位置，认真生活，像苏子所说，江上清风、山间明月，耳得之为声、目遇之成色，取之不尽用之不竭，是造物主恩赐的无尽宝藏，我们有幸一起来享受。

寒 露

秋高寒露至，旭日犹融融。深秋的森林，五彩斑斓，生生不息。菊色滋寒露，芦花荡晚风。多想留住这瓜果清甜，秋叶灿烂，鸟兽欢跃的森林秋天。

丰收后的田野显得有些空旷，远处的蓝天映衬着秦岭群山，尽显秋天的美丽。

云雾缭绕的山林中，树叶已经披上了淡淡的柳黄，随着时间的推移，它们又将进入新一轮的休眠期。

秋

远处的山坡上，几株被爬山虎缠满全身的树木头顶黄叶，身披大红，十分耀眼。

安静的山林中，野猪正在草丛里寻找可以果腹的野果和昆虫，突然，它们嗅到异样的气味，瞬间消失得无影无踪。

在茂密的巴山木竹林中，一只岩松鼠也活跃在树干和树冠上。秋天是它们储存越冬食粮的最佳时机。

秋

山谷旁边的坡面上，巴山木竹林稀疏而翠绿。忽然，传来一阵窸窸窣窣的声响，原来是一只大熊猫，手拿着被咬断的巴山木竹竹枝，正在采食叶子。它将所有采下来的竹叶集聚在嘴角，用爪子攥紧，放在后臼齿全部嚼碎，再装进自己的胃里进行消化。

近处，一只成年雄性川金丝猴在胡桃科山核桃高大的树冠上观望、觅食，一遇到危险就马上发出“伽、伽”的报警声，并迅速带领家族迁徙到安全的区域。

叼着中华猕猴桃果实飞翔的红嘴长尾蓝鹊，是鸦科中最聪明的鸟类。它们喜欢在居民区周围活动，翻拣垃圾，蚕食动物腐烂的尸体，更喜欢捕食两栖爬行类小动物，也吃浆果和各种昆虫。有一年，保护区先后发现了白腹蓝姬鹟、蓝鹀和画眉的繁殖巢穴，当小雏鸟刚破壳而出的时候，一只只都成了红嘴长尾蓝鹊的美食。它们一年中最开心的时候就是秋天，因为山林中的野生猕猴桃和各种野果都已成熟，它们可以无拘无束地尽情享用。

在落叶的漆树枝上，一只红喉姬鹟时不时翘着尾羽，蹦来蹦去，在迁徙途中停留补给，对它们来说是必不可少的环节。

深秋时节，路边所有的草本植物都开始变黄、变枯，枝头挂满了种粒。此时，蓝鹀正处于垂直下迁时节，这也是它们入冬前觅食的大好时机。

寒露来临，长尾山椒鸟雌雄混群，相聚在山巅沟谷。落叶松上正是它们美丽的身影，它们时而飞向山顶，时而俯冲到沟谷，红黄相间，像彩蝶一样飘荡在空旷的山巅与沟壑之间。

正在落叶的厚朴树，每个枝头都挂着一个紫红色像杧果一样的种实。一只雌性大斑啄木鸟停歇在上面，它正使劲啄开种皮，用里面橘红色种粒来填饱肚子。

在一片构树丛中，忽然，一群黄臀鹎四处逃窜。原来是一只雌性雀鹰迅猛俯冲下来，正在寻找捕猎的时机。

秋收过后，稻田里繁多的昆虫为鸟儿们提供了丰富的蛋白质来源。朱鹮们披着一年中最漂亮的羽衣，划过田间地头，带着独特的绯红翱翔在秋天的荒野中，它们将原本就多彩的季节装扮得更加耀眼生动。

鳞翅目蛱蝶科的斐豹蛱蝶和弄蝶科的直纹稻弄蝶正在争夺花朵上仅有的一点花蜜。对于它们来说，即将结束花期的菊科紫菀属的萎软紫菀，是深秋里难得的觅食对象。

悬挂在巴山木竹枝条上，像枯叶一样卷曲的物体，是金裳凤蝶入冬前刚刚从幼虫转化而成的蛹。到春暖花开，它便破壳而出，成为漂亮的蝴蝶。

寒露

连绵的阴雨过后，林区气温有所回升，此时正是真菌萌发和快速生长的阶段。一棵大树的根部，长出了小雨伞一样的群生粘盖环锈伞。

在海拔 1900 米以上，陕甘花楸披上了一年中最耀眼的色彩，装扮着高山林带。它们的枝头已挂满像鱼眼一样的果实，成熟的果粒，能为金丝猴、黑熊和一些雀形目鸟类提供丰盛的食物。

秋

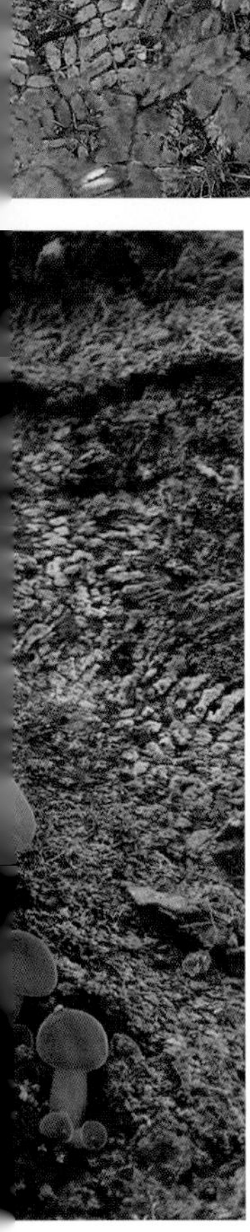

古人说：“九月节，露气寒冷，将凝结也。”高海拔的阔叶林下，静静流淌的溪流中，已经落满了红色、黄色的枯叶，它们意味着深秋已经来临。

霜降

秋深山有骨，霜降水无痕。森林鸟兽在丰盛的金秋里汲取能量，静静等待冬天的来临。

在海拔2300米以上的山巅，红桦的叶片已经完全掉落了，只有槭树、落叶松、云杉还在装扮着深秋的森林。远看，秦岭南坡的崇山峻岭间云雾缭绕，充满了神秘。

不断的阴雨，让气温骤然下降，对面山坡上的山毛榉纯

秋

林已经披上了淡淡的色彩。

草地上一只雄性红腹锦鸡正在觅食，忽然间，它拧着头好奇地注视着山坡，似乎在聆听着什么。

秋天里丰盛的食物让灰胸竹鸡变得圆润肥硕。它们为了安全越冬，正在囤积脂肪。

秋

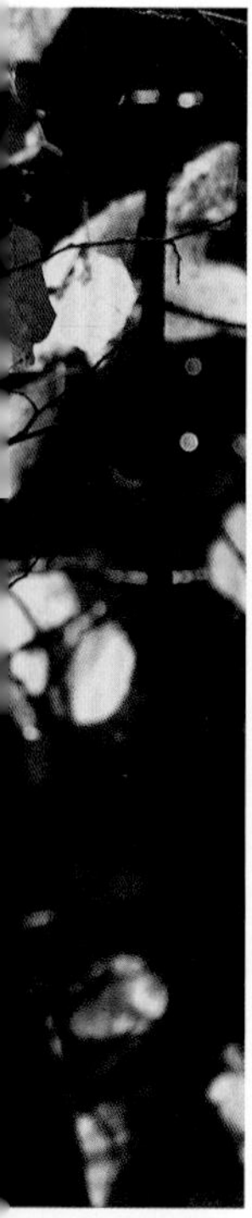

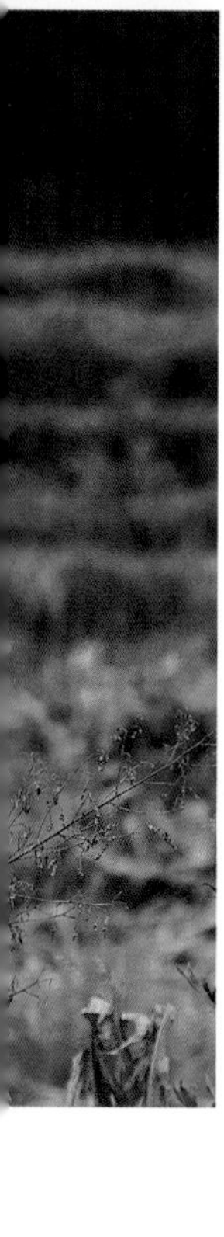

三桠乌药的叶片在逆光下变得金黄，在微风吹动中闪闪发光，它们用一年中最美的色彩装扮着深秋的森林。

多雨的深秋让瀑布上的溪流变得饱满而欢快，只是星星点点的色彩和往年相比逊色了很多。

田野中，几株植物上蓝紫色的花朵显得十分耀眼，这是毛茛科的乌头，当地人也叫“乌药”。地下的块状茎有毒，侧根是著名的中药附子，也可以酿黄酒，是一种驱寒温补的佳品。

紫花香薷绽放着像牙刷一样的花序，一只曲纹稻弄蝶正在采食入冬前最后的食物。勤劳的中华蜜蜂双腿带着星星花粉，时不时也前来采集紫花香薷在霜降前最后的花蜜。

森林边、沟谷旁的草丛中，忍冬科的接骨草已经脱下了所有的叶片，植株上只留下一颗颗米粒大小的耀眼的果实，它们静静等待着鸟儿们前来取食，帮它们传播种子。

成熟的山茱萸还没来得及采摘，枝头依然挂满了红宝石般的果实，一只雄性北红尾鸲正在上面寻找着昆虫，准备享用属于自己

的美食。

经过一个春夏成长的猫儿屎终于等到了秋天，由青变紫成为真正的果实。因果实的形状像猫的粪便而得名，又叫“猫屎瓜”。打开紫色的果皮，微甜的果肉将所有西瓜籽一样黑色的种子包裹着，籽多肉少，也是它们传播的智慧。

霜降来临前，盘叶忍冬发黄的叶片中结满了像小柿子一样独特的果实。

成群的白领凤鹛从海拔2300米的山上垂直迁徙到海拔1400米的地方，正在盐肤木橘黄色的树冠中觅食着它们饱满的种粒。

秋

巴山木竹林缘，即将干枯的桔梗科植物党参藤蔓上，悬挂着一颗颗铃铛一样的紫红色果实。党参的根是名贵的中药材。

淅淅沥沥的小雨中，一只普通鵟站立在电线杆顶端，它一边注视着荒野，一边抖擞着身上的水滴。

一只斑头鸺鹠冒着小雨，从旷野中迎面飞来，打破了沟谷里的宁静。

午后温暖的阳光中，路边苔藓上一条还没找到洞穴冬眠的大眼斜鳞蛇正沐浴着阳光。因无毒，遇到危险时它将头抬起，脖子变得扁平而直立，打算用与眼镜蛇相似的行为方式来吓走对方。

对面山坡树丛中，川金丝猴群正在享用着深秋里最美味的野生中华猕猴桃和充满油脂的华山松松子，不速之客的到来吸引着这对夫妇好奇的目光。

淅淅沥沥的秋雨让森林变得潮湿阴冷。草本植物都结满了种粒，植株开始枯萎；落叶乔木身披色彩斑斓的叶片，开始在秋风中逐渐飘落。在海拔 1600 米的巴山木竹林缘，一只大熊猫正扭动着圆滚滚的屁股，左右晃动着向另外一个山坡迁徙。

清晨，空旷的稻田中雾气腾腾，远处村庄里炊烟袅袅，构成一幅神秘而祥和的画卷。

霜降

夕阳下，海拔 2300 米左右的山坡上，墨绿色的云杉、金黄色的落叶松、橘红色的青榨槭、赤红色的红桦、翠绿色的秦岭箭竹和白色枝干的白桦，构成了人工林和天然次生林交相辉映的乐章。这般的浓墨重彩，正是长青自然保护区二十多年来保护成效的体现。

立冬

艳阳高照，未雪初寒。森林仍被遍野的金色浸染，夏花谢尽，秋果无多，然而鸟兽皆知，凛冬将至。

冬天终于缓缓而至，长青的最后一抹秋色依然耀眼。立冬悄然到来，保护区内的落叶乔木和秦岭箭竹都已逐渐进入冬天的休眠模式，但在海拔 2100 米沟谷中的人工林和天然次生林依然保持着秋天里最后的色彩。

冬

在海拔1300米左右的峡谷中，山毛榉和槭树科的植被正显现出一年中最亮丽的色彩。升至海拔1800米，绝大部分树木的叶子已被秋风扫落，唯见一株槭树科血皮枫的叶片，分外耀眼。

绵绵阴雨中的落叶乔木林带，又是另一幅景象。锐齿栎的叶片将由绿变黄、变红、变枯，直至脱落，最终进入冬季休眠。

袅袅炊烟升起的村庄中，一棵金色的大银杏树，是朱鹮多年来的夜宿地，它们每天早出晚归。春天，这棵大树更是它们繁殖育雏的家园，高大的树杈上至少有三对朱鹮夫妇同时筑巢、产卵、孵化、育雏。

村庄附近的栓皮栎林也染上了秋天的色彩，朱鹮们在上空兴奋地飞舞、盘旋，似乎要跟秋色一比高下。

从高海拔刚刚下迁的蓝额红尾鸲来到了海拔1900米的地方，它站在樟科植物木姜子的枝干上，沐浴在一缕阳光之中。

喜欢三五十只成群活动的白喉噪鹛则高调潇洒。它们欢快地从七叶树林缘滑向对面山坡，七彩的秋天似乎让它们个个都很兴奋，吵闹着打破了森林里以往的宁静。

冬

山坡上一片金黄色的人工林让人目不暇接，一只星鸦正在落叶松树冠枝头小憩。它似乎也在享受着深秋里最后的美景。

在多雨的年份里，

巴山木竹的叶子总是会被昆虫给卷起来，将自己的幼虫藏在其中。此刻，一只红头穗鹛正在竹枝上仔细地寻找着美食。

半个多月的阴雨，竟让秦岭北坡许多地方飘起了雪花。一只漠地林莺在南迁途中，停留在古镇的附近觅食。

瞬间，从大豆地中飞出一只黑眉苇莺停歇在树桩上，这里也是它们迁徙途中的补给站。

小沟边，落叶后的小乔木枝头正悬挂着耀眼的蓝色种子和红色花萼，这是马鞭草科的海州常山，它们即将完成新一轮的使命。

夜幕下的水霜让林间的树叶日渐脱落，中华猕猴桃藤蔓上却显露出颗颗诱人的果实。

悬挂在树枝上，随着寒风微微摆动的橘红色果皮，是成熟的瓜蒌，它的果肉和种子早已被鸟类取食、传播。

香甜可口的柿子熟了。一群白头鹎（俗称“白头翁”），正在分享它们“舌尖上的秋天”。忽而一只灰椋鸟闻讯赶来，以大欺小，将果实据为己有。

向南迁徙途中，两只白眼潜鸭被迫降落，它们在长满水草的河滩找到了临时栖身之所，此刻正在欢快地戏水觅食。

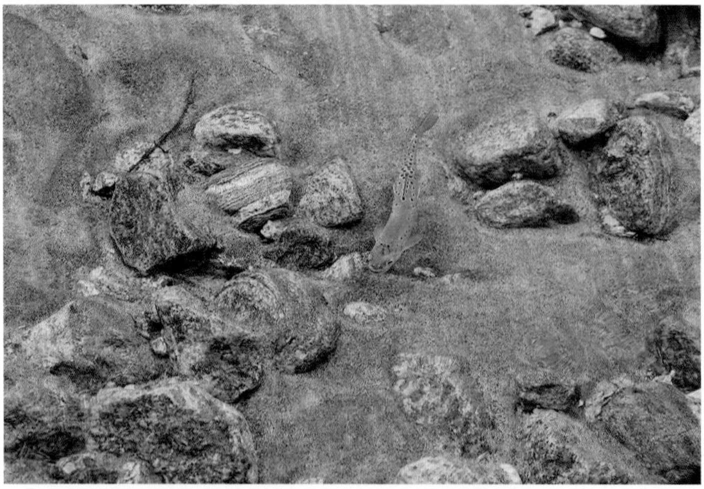

三冬

入夏以来，连绵不断的洪水将西水河冲刷得干干净净，清澈的溪水中还有为数不多的秦岭细鳞鲑幸存下来。

河边的沙滩上，一串串足迹清晰可见，这是如期归来的欧亚水獭留下的。这样的溪流才是它们越冬觅食的家园。

在另外一条山沟中，远远就能看到茂密的巴山木竹在不停地摆动。随后，右侧山坡上一个大熊猫屁股晃动了几下，就消失得无影无踪，我们只能目睹还冒着热气的粪便。忽然，在旁边不远处的山坡上，一棵油松茂密的针叶丛中，有一个黑白相间的物体在微微晃动，原来是一只一岁多的大熊猫幼崽。幼崽从四月龄就开始学着爬树，直到两岁半才会逐渐离开妈妈。爬树是它们的一种生存技能，妈妈每天外出觅食时，它们会就近选择常绿阔叶或针叶树，偶尔也有落叶树，爬到树冠中上部睡觉、沐浴阳光、玩耍、躲避天敌。在树冠上要度过一年多的时光，那是它们寂寞的童年。每当妈妈觅食归来，在树下发出“咩咩，咩咩”似羊的叫声时，它们才会迅速下来，吃完奶，便会跟随妈妈继续向下一个觅食地迁徙。

深秋的山涧，有青榨槭、五角枫、陕甘花楸、盐肤木、落叶松等植被的装点，长青自然保护区变得五彩斑斓、绚丽耀眼。

小　雪

莫怪虹无影，如今小雪时。初冬的森林依然生机灵动，严冬即将到来，每一份食物都格外珍贵。

夜晚的北风将雪花带进了山林，所有的山涧沟壑都披上了淡淡的白色，阳光到来，瞬间消失。

空旷的田野间，个个稻草人都身披白霜，大地显得寒冷而宁静。

冬

小雪

入冬以来，耕地旁的小水沟第一次结上了冰花，大地变得萧条而荒凉。

被白霜覆盖的田埂上，两只朱鹮相濡以沫，理着羽毛，培养着情感。

冬

村庄旁另一处香椿树上，四只朱鹮一边沐浴着清晨的暖阳，一边梳理打扮着。

大白鹭如期归来，古镇旁的河流是它们越冬的家园。

在植物界被称为活化石的珙桐，已经脱去了它们所有的叶片。春天里的鸽子花，现如今已经变成核桃般大小的种粒，挂满枝头，在寒风中微微摆动着。

攀爬在树冠上卫矛科植物南蛇藤的枝头挂满了黄色球形蒴果，三裂的种子显露出有红色肉质的假种皮，像一朵橘红色的梅花，点缀着山野。

枯黄的草地上，老冠草干枯的植株顶端只留下了空种壳，它们早已将自己的种粒回归大地。

初冬来临，山沟只有少量厚朴黄叶还在寒风中摆动。山茱萸的树冠上依然是红彤彤一片，农人们正攀上树梢，忙着采摘。走进村庄农舍，在各家各户门前都晒满了枣红色的山茱萸果皮，这是大自然对他们最好的馈赠。

常绿藤本植物三叶木通，叶片在低温的作用下呈现出清晰的脉络，赤红色泽尽显魅力。

一只远道而来的钳嘴鹳（左）惊现汉江谷地，它和朱鹮、白鹭、苍鹭结伴觅食，也成为诸多观鸟摄影爱好者镜头的焦点。

清晨，古镇旁西水河滩里所有石头都披上了一层白白的霜，河水缓慢地流动着，似乎被寒冷束缚了手脚。一只被当地人称为“青桩”的苍鹭呆呆地站在水里一动不动，看似在等待阳光的到来。忽然，它将头猛地插进水里，用铁钳般的嘴夹住了一只喜马拉雅水鼩鼱，吱吱乱叫的水鼩鼱不停地扭动着身体，瞬间，就被苍鹭活生生吞进了肚中。

茂密的巴山木竹林中，一波鸟浪疾驰而来，里面有白眶鸦雀、棕头雀鹛、灰眶雀鹛、红头穗鹛，它们在阳光下快乐地穿梭着，搜索着每一根竹枝间的昆虫。前方树枝上，一只红头长尾山雀正蹦来蹦去，等待着同伴的到来。

冬

在海拔2400米左右的沟谷中，很幸运地见到了帅气十足的褐冠山雀。它们常在树皮上剥啄昆虫越冬的卵来填饱自己的肚子。

落叶后的森林变得通透而敞亮，眼前的水坑是野猪们泥浴时留下的卧迹。坑中积水能为更多的野生动物提供饮水便利。

密林中的羚牛感知到了异常，它忽然抬高了头，用嗅觉感受着周围环境的变化。

冬

在阳坡的沟谷边，一只大熊猫正对着阳光，一边忙着采食巴山木竹叶，一边享受着初冬的温暖。

阳坡那边的空地里，农人正在忙着冬耕，为春天的播种提前做着准备。

这个时节，若去登高俯瞰海拔 2200 米的山林，一切已经显得荒凉、萧条、寂静，只有那常绿针叶树和秦岭箭竹还存着几分生机。

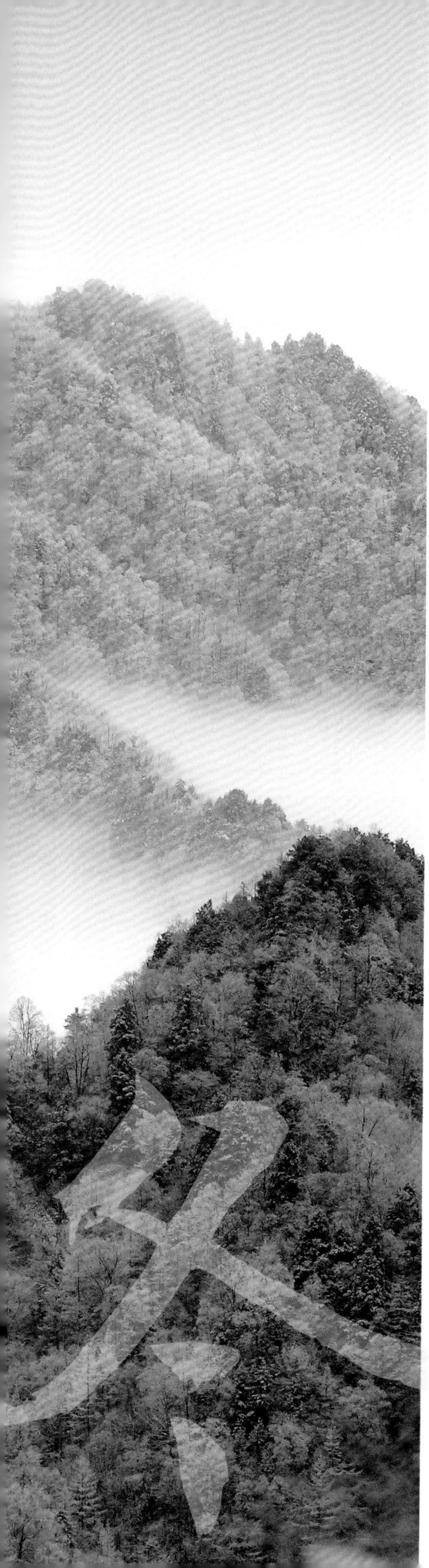

大 雪

“云横秦岭家何在，雪拥蓝关马不前。”鸟兽已谙熟冬日的法则，这是森林生命可贵的韧性。

小雪节气过后，一场场降雪覆盖了秦岭南坡的所有山巅。低海拔的山区还一直下着绵绵小雨，高海拔的山峦沟壑已是银装素裹。

海拔 2100 米处的瀑布，有 80 多米高，40 多米宽。平日里多是涓涓细流，此时却是一番

冬

肃杀景象。

古镇周围近期来了一群灰喜鹊，正热闹地抢食着山茱萸成熟的果实，给村民们造成了不小的经济损失。以前秦岭南麓并没有发现灰喜鹊的身影，想必是随着气候变化，这些家伙逐渐扩大了自己的活动范围。

被山茱萸林包裹的农舍，配上橙黄的柿子和鲜红的山茱萸果实，构成一幅完美的画卷，一派祥和自然。

经日晒夜露后的山茱萸果实披上一层白霜，显得更加绚丽耀眼。它们酸涩的果皮为众多的鸟类提供了丰盛的食物来源。

在海拔2300米的鸟浪中，有褐冠山雀、褐头雀鹛和白眶鸦雀。一只褐头雀鹛正在积雪中寻找着食物。

积雪让众多鸟类都迁徙至沟谷中，它们艰难地寻找着植物的种子和其他可以果腹的东西。一群白喉噪鹛从山顶滑向沟谷，停歇在挂满雪花的杨树枝干上，打破了山沟里的宁静。

禾草干枯的花序在微风中徐徐摆动，逆光下它们像一条条帆船随波荡漾。

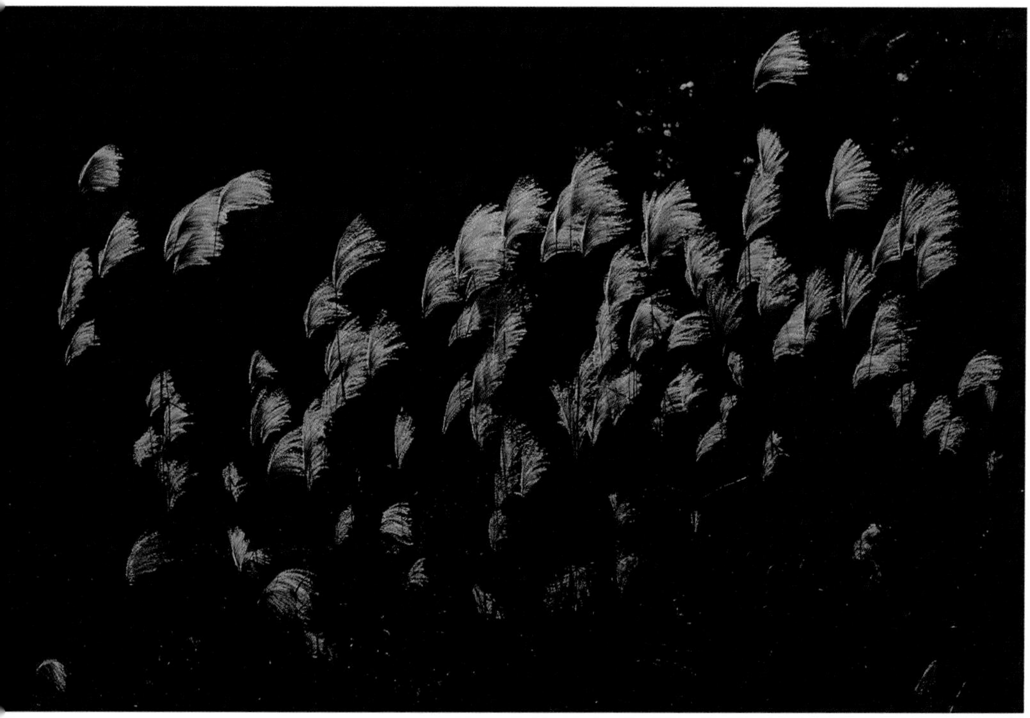

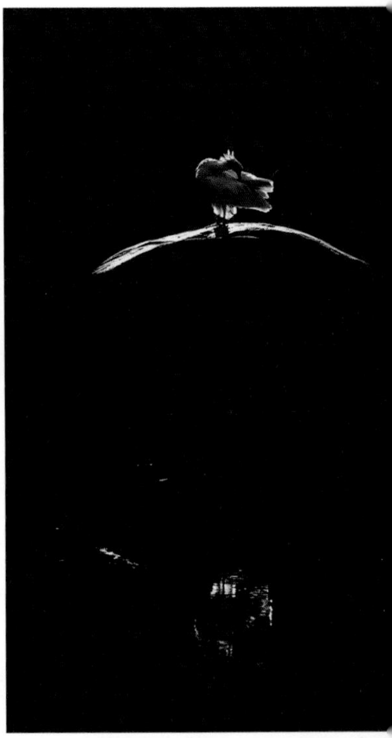

已经干枯的水晶兰，依然屹立在落叶中，正在经受着严寒的考验。

河中的大石头上，一只朱鹮正在打扮自己。一缕阳光透过浓密的树梢，点亮了它朱红色的毛羽，惊艳了山林。

村庄中飘起的缕缕炊烟久久没有散去。阳光透过炊烟洒在水杉树冠上，是如此幸福美满。

突如其来的降雪使秦岭山里变得格外静谧。白里透着粉红的朱鹮无论是在树枝上小憩，还是狂野地翱翔，都显得比平日更高贵、耀眼。

初雪降临的村庄也银装素裹，显得异常宁静、祥和。

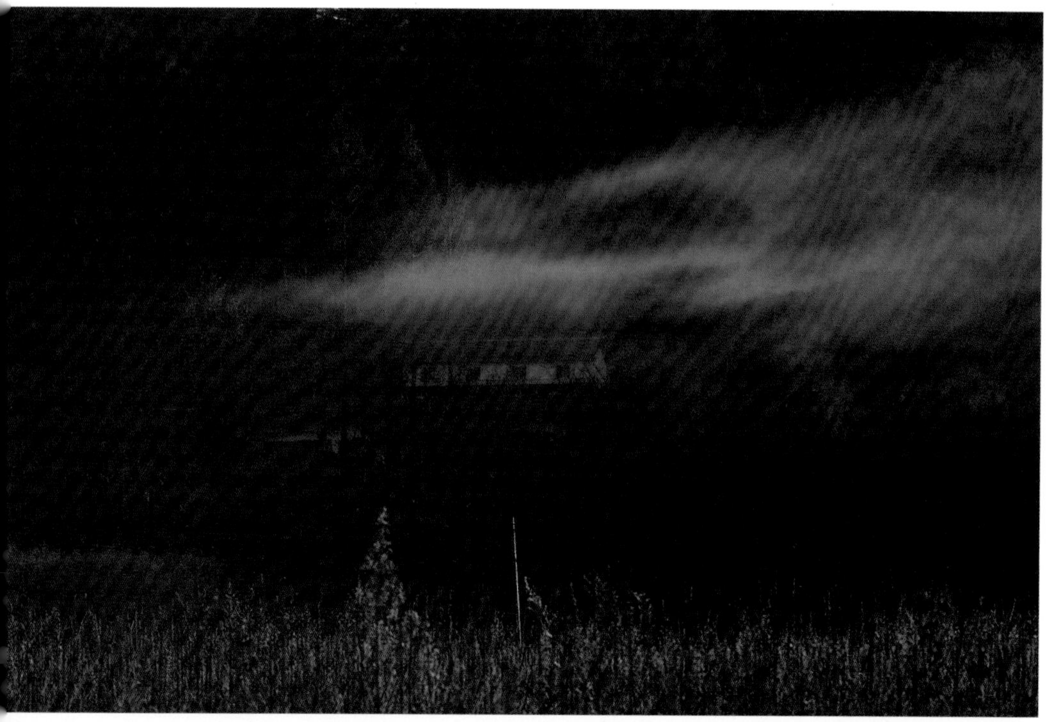

水雾飘过山坡，一只普通鵟跌跌撞撞地来到挂满雪花的油松顶端，用敏锐的眼神注视着前方旷野。

被积雪覆盖的山谷里，一头金色羚牛的现身，瞬间打破了宁静。

白雪皑皑的密林中，通透又安静，一双大耳正在转动，明锐的眼神注视着来客，这就是国家一级保护动物——生性胆小机警的雌性林麝。

在阴冷的雪天，川金丝猴妈妈蜷缩着身体，将自己的宝宝紧抱于怀中，躲在常绿的南蛇藤蔓中觅食、取暖。

温润的汉江谷地又是另外一番景象。清晨的汉江上热闹非凡，上百只普通鸬鹚正在江面追赶鱼群，聪明的红嘴鸥夹杂在中间低空飞行，借机前来掠食。

在主山脊、次山脊和沟谷中，厚厚的积雪上都留下了大熊猫清晰可见的足迹链。这只大熊猫来到沟谷中，在一片开阔的地方停了下来，正在抱着一棵湖北枫杨嗅闻。它们会定期沿着自己的领地巡视，留在树干上的牙痕、爪痕，涂抹的肛周腺标记物、尿液，树根部留下的粪便都是它们的标记。这也是大熊猫个体之间重要的交流方式。

保护区内高海拔的山巅和沟谷中，早已是一派北国风光，处处尽显冰天雪地。秦岭箭竹弯着腰，卷曲着叶片，正在冰雪中经受着考验。积雪覆盖的山巅，云雾缭绕中整个森林显得宁静而单调。

冬 至

新雪玲珑白，冬至已至。秦岭山林中鸟兽即将迎来一年中最寒冷的时光。冬至前山里归于寂静，兽类行踪难觅，天地间都是灰与白。冬至大如年，祝各位朋友与家人团聚，围炉吃汤圆，或是喝上一碗热腾腾的羊肉汤，从里到外暖心舒畅。

夜间突如其来的一场飞雪，让村庄附近的山坡披上了淡淡的白色。白色积雪与静静流淌

的河水遥相呼应，令村庄显得更加安静而萧条。

河边的枯草上结满了白霜，一只褐河乌被寒气所逼，蜷缩在石头上发呆，等待不远处的阳光即将带给它清晨里的温暖。

火棘的硕果上也结满了白霜。一只雌性北红尾鸲站在枝头上沐浴着阳光，脚下踩着的橘红色果实，是它越冬的重要食粮。

在寒潮来袭的日子里，古镇迎来两只黑鹳，手机信号塔顶是它们夜间临时栖身之地，山间盆地还没有翻耕的稻田是它们白天觅食的场所。这是首次在这里记录到黑鹳的身影。

冬

秦岭山脉和大巴山山脉孕育了宽阔的汉江，这里是水鸟的越冬地。小白鹭、普通鸬鹚、赤麻鸭正在沙滩上沐浴午后的阳光。

数量极其稀少的白琵鹭，近两年也开始陆续光临汉江流域，在这里觅食越冬。

厚朴林枝头，在干裂的坚果上，一只斑姬啄木鸟伸出它细长坚硬的舌头，正在取食裂缝中的小昆虫。

路边树枝上，一只雌性栗腹矶鸫也在期待久违的暖阳。

只有在寒流来袭时，积雪将高山密林中的栗背岩鹨赶出丛林，飞向低谷一显庐山真面目。正在觅食的栗背岩鹨，一对白色的小眼睛像鱼眼一样，十分可爱。它们喜欢在各种林地边缘活动，以昆虫、植物的果实和种子为食。

在白雪覆盖的山野间，朱鹮一家仍翩翩飞舞，耀眼的身姿为寒冬增添了无限活力。

山坡上竹林的边缘，一团耀眼的颜色在白雪和竹叶间晃动，原来是一只雄性红腹锦鸡正在一棵倒木上悠闲地漫步觅食。

在食物匮乏的冬季，川金丝猴结成大群，来到阳坡背风处相互关照着，共同寻找食物。这种时候，相互扶持更容易平安度过漫长而艰难的寒冬。

冬至

保护区的阴坡仍然被积雪覆盖，一头雌性羚牛正在冷色调的景致中艰难地寻找着可以果腹的食物。

白雪覆盖的巴山木竹密林下，从竹叶的缝隙间能够清晰看到一个若隐若现的身影，一只明亮的眼睛死盯着林外，站在原地一动不动，两只大耳朵偶尔微微抖动一下，原来是一只静观其变的小麂，随时准备逃离。

尚未封冻的酉水河源头，被雪改变了模样。“瘦身”的溪水携着汩汩寒气，由东向西流淌着。

冬

这只大熊猫正抬起后腿，像狗一样向树干上喷洒着尿液。带着浓烈竹叶香味和微微骚味的尿液气息瞬间弥漫在整片竹林。这是它们捍卫领地和个体间交流的重要方式。大熊猫每天需要花费大约13个小时的时间在茂密的山林中来回穿梭，一边觅食一边行走。它们除了睡觉之外，其余时间都在觅食、做标记、饮水、排便、撒尿。

进入保护区腹地，到处白雪皑皑，寒气逼人，山坡上早已挂满晶莹剔透的小冰柱。

走进丛林，到处银装素裹，一阵寒风刮过，雪挂悄然飘飘洒洒，隐匿于秦岭箭竹林中。

俯瞰沟谷，处处笼罩着雪与雾，荒野中，每个角落都变得整洁而柔软。

结束一天的山林巡护工作，雪后的夕阳下，保护区的林缘里显得十分安静，树干的倒影和动物的足迹链又给这里增添了几分和谐。

小 寒

秦岭天寒地冻的时节里，森林中的生灵们经受着严寒和饥饿的考验，大家都在期盼春天的到来。

小寒时节，远处填满积雪的山峦，层层叠叠，忽明忽暗，似乎一切都在荒凉的等待中进入了休眠。

俯瞰被薄薄积雪覆盖的村落，像一幅充满诗情画意的水墨画。

冬

生命的迹象在山中并没有消失，只是需要更细心的观察。领春木的种子带着它们的小翅膀一簇簇挂在枝头。逆光下，几根蛛丝将它们相连，像电线通电般给边缘带来了亮光。

在麦田上空的电线杆上，一只红隼正注视着左下方。它已经锁定了猎物，正等待捕猎的时机。忽然，它如闪电般由高空俯冲而下，直奔目标。麦田里刚刚露头的小田鼠，瞬间成了它的囊中之物、盘中之餐。

在不远处干枯的柿子树枝头，一只凤头鹰正在用猛禽特有的方式捕猎，一边晒着太阳一边等待着时机。

山坡上被刨出的一个个小坑，这正是马来豪猪取食蕨类植物贯众根茎所留下的痕迹。正攀爬在干燥

而萧条的山坡上，上方传来沙沙的声响，一只豪猪忽然从前方经过，闯入了我们的眼帘，打破了爬山带来的疲惫和枯燥感。豪猪是一种古老、原始的啮齿类动物，通体棕褐色，眼睛和耳朵都很小，颈部下方有一道白色条纹。全身覆盖着由毛进化而成的坚硬棘刺，臀部的更为密集粗大，棘刺是它们遭到天敌攻击时有效的防身武器，巡护途中经常能在山脊上捡拾到它们自然脱落的棘刺。穴居，喜欢夜间活动，主要以植物的根茎、树皮、果实和种子为食。秋天的夜晚偶尔也会光临农田盗食玉米、白菜、萝卜。

温润的汉江谷地为涉禽、游禽、猛禽提供了广阔的越冬空间。近期，又迎来了一批新的居民，并不常见的反嘴鹬正成群在滩涂上快乐地觅食。

冬

午间，路旁小溪中的石头上，一只雌性雀鹰正在呆呆地窥视着周围的环境。忽然，它跳入水中，将身体浸泡在冰冷的溪水中，时不时抖动着双翅和尾羽，瞬间水花四溅。

海拔 2200 米以上区域，在积雪的装扮和云雾的笼罩下，山巅与沟谷时隐时现。一阵寒风掠过，它们瞬间露出真容。

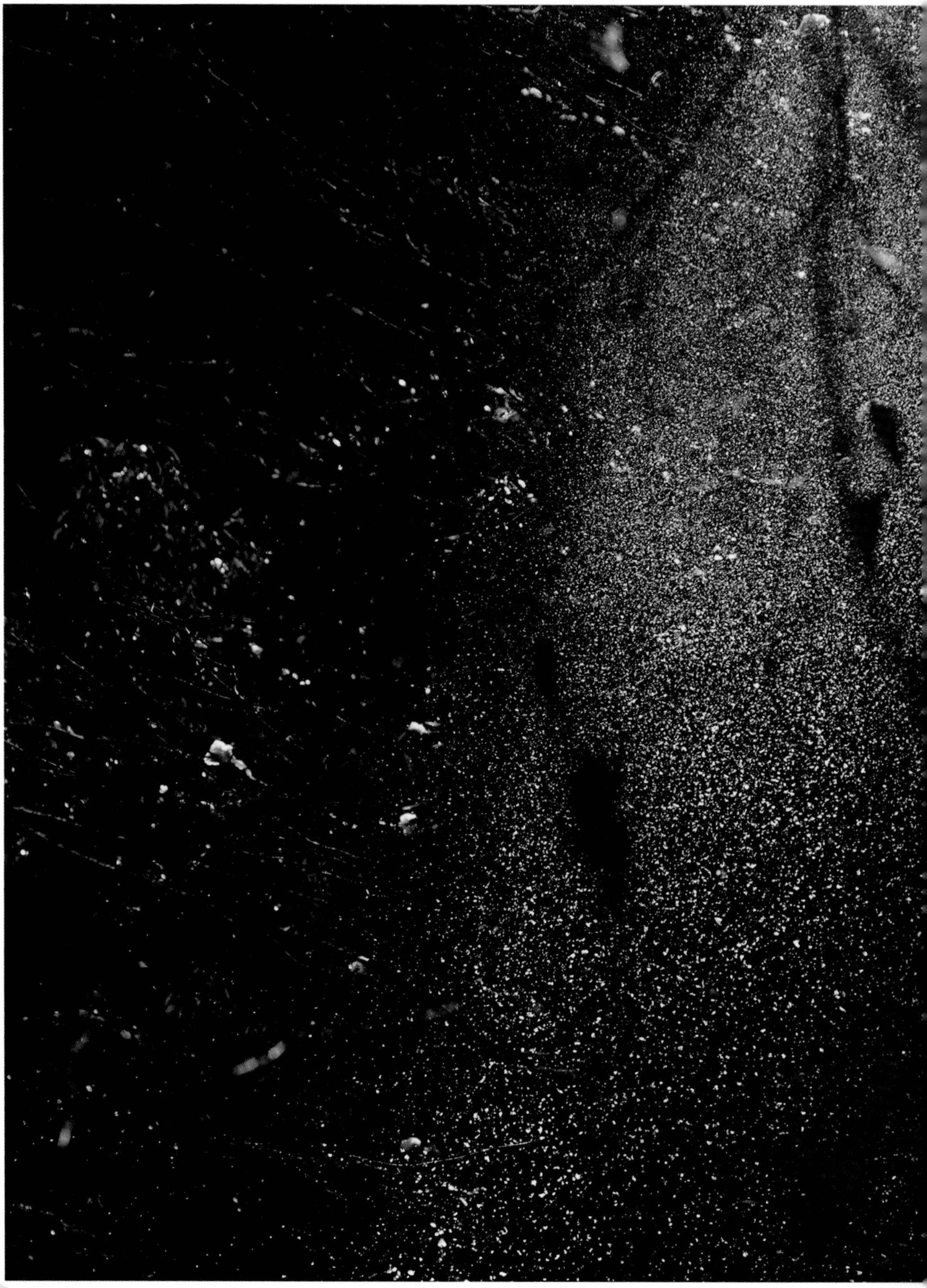

冬

小寒

“哗”的一声，一团雪挂正迎着逆光从密林中洒落，就像一条洁白的哈达飘入森林。

喜欢夜间活动的鼬獾也迫不及待地从洞里钻了出来，在积雪覆盖的厚朴林地中，为了填饱肚子，在雪地里留下了一个个被刨开的小坑。它们擅长挖洞，为杂食性动物，更喜欢以蚯蚓为食。

积雪迫使众多鸟类垂直下迁，灰头灰雀也不例外。它们成群来到林间空地，在干枯的香薷花序上取食种粒。

西水河源头的每个角落都被雪花装扮。一只成年黄腿渔鸮萌萌地藏身于河边的密林中，双目注视着还未完全封冻的入水口，等待秦岭细鳞鲑出现的那一瞬间。入水口完全封冻后它们就会下迁至低海拔地区。

冬

幽静的丛林中，只能听到“嚓嚓”的落雪声。左前方大树根部的积雪里，出现了一个赤红色微微晃动的身影，胸前布满了像珍珠一样灰白色的斑点，显得高贵华丽。这是一只雄性红腹角雉正在艰难地向山坡上攀爬。

在被白雪包裹的山茱萸树冠中，枝头已经干枯的红色果实耀眼夺目，正吸引着蓝额红尾鸲前来觅食。

沟谷中，雪地上一串串足迹链清晰可见，这是川金丝猴群刚刚经过留下的。忽然，树林中四处啪啪作响，一个个矫健的身影顶着飘雪，在林间忽隐忽现。受到不速之客惊扰的它们，迅速攀上大树一探究竟。

山巅的积雪迫使还在生病的斑羚走向沟谷，来到平缓的河滩，以寻求可以果腹的食物。近几年，斑羚集体性患上了一种叫疥螨的皮肤病。患病后，它们全身的毛发会呈斑块状脱落，逐渐变得体弱体衰，直至死亡。

还在为巢域四处奔波的大熊猫，它们跨过一道道山脊，越过一条条河流。饿了就停下来，就地取食填饱肚子，困了就地而卧。就像时钟永不停息，一天天做着标记，巡视、捍卫着自己的领地。

被积雪覆盖的林下阴冷潮湿，可以果腹的青草都被埋在了雪下，毛冠鹿也被迫钻出密林。它们沿着林间小道边缘，一边散步一边寻找着蒿草根部还未干枯的枝叶。这是它们冬季用来充饥的食物。

保护区内海拔 1500 米以上的酉水河结了厚厚的冰，即将完全封冻。海拔 2400 米以上的原始森林边缘，昔日山涧的涓涓溪流已经定格。溪流两侧墨绿色的巴山冷杉和灰红色的红桦树组成不同的斑块，林下成片的秦岭箭竹，是大熊猫夏季最喜爱的地方。

大 寒

旧雪未消，新雪又至。俗话说“三九四九冻死老狗”，一年中最冷的时节已经到来，也离春天最近。古镇旁被封冻的酉水河，正在静等春天的到来。由古镇向东海拔上升 300 米，酉水河又是另外一幅景象。

这是入冬以来秦岭南麓第一场实实在在的大雪。雪后放晴，到处一片洁净。在这片银色的世界里寻找乐趣，真是一

冬

种幸福的享受。银装素裹的森林，在秦岭湛蓝的天空下更显它们的风采。

雪花将长青自然保护区的千山万壑点缀得耀眼夺目。树枝上挂满雾凇，像一团团棉花糖。冰晶结满枝条，如一张银色的网，布满山野。

近些年旅游业不断发展，朱鹮的冬栖息地在不断减少，很多冬水田和耕地都改变了它们原有的用途。此时天寒地冻，朱鹮依然能够在河边低洼处，用脚探出它们最爱的食物——泥鳅。饱餐后的朱鹮站在河边雪地上，和环境融为一体，白里透着粉红，显得高贵而耀眼。

铅灰蓝色的红尾水鸲雄鸟落在洁白的雪地上，还不停地上下抖动着砖红色的尾羽，像是在向雌性炫耀自己的美丽，这种标志性的动作

是鸟中䴓类特有的行为。

古人云“人为财死，鸟为食亡”。橙翅噪鹛已经顾不上风雪了，一路苦苦寻觅食物，连山茱萸树枝上已经干枯的果实也不舍得错过。

枯枝上挂满了串串黄豆大小的种粒，这是漆树。它多脂的种子吸引着斑胸钩嘴鹛、斑背噪鹛、绿翅短脚鹎、领雀嘴鹎共同来分享严寒的冬季里少有的食物。在另外的枝头上，这只斑背噪鹛正在开心地享用着寒冬里难得的食物。

普通䴓的动作永远是那么优雅。它沿着树干窜来窜去，速度之快，动作之娴熟，更像一只疯狂的小老鼠。它们是这里的常住居民，喜欢成对活动，常见沿树干螺旋式攀爬，觅食树皮缝中的昆虫，更喜欢利用树洞或被其他鸟类废弃的洞穴营巢繁殖。

喜欢在缝隙或石洞中钻来钻去的鹪鹩，也借着午后的阳光，翘着光秃秃的尾巴在树枝间上蹿下跳，十分活跃。

平日里并不常见的雌性黄雀，此时也成群相聚在山茱萸林下，这里是它们觅食、相互追逐的乐园。

走进保护区腹地，每条山沟都早已被冰雪填满了，晶莹剔透。

在阴坡一面，低处的雪挂虽已脱落，但整个山峦沟谷还是充满了寒气和寂静。

经常躲在丛林深处的雌性红腹角雉被积雪逼得现身林缘。不过瞧它在雪中漫步的样子，倒显得悠闲自在。

山坡被冰雪覆盖，很难从雪层下找到可以充饥的食物。饥肠辘辘的红腹锦鸡开始采食巴山木竹嫩叶。这只雄性红腹锦鸡飞上一块巨大的石头，在华山松树根部取食苔藓和少量麦冬嫩叶来充饥。

除了食物，动物还需要水。对于这只庞大的雄性羚牛来说，水更是它的生命之源。秦岭南坡虽是水资源丰富之地，但在这数九寒天里，到处冰封雪冻，羚牛需要耗费更多的体力来寻找水源。

阳光透过树梢洒向坡下稀疏的森林，一头雄性林麝呆呆地站在厚厚的积雪中，以静制动，做好了随时逃离的准备。

在皑皑白雪覆盖的山谷中，一头硕大的雄性野猪冒着严寒，顶着飘雪，一边走一边嗅闻着，似乎在搜寻着什么。近些年观察发现，在食物匮乏的季节，它们喜欢沿着沟谷寻找死亡动物的尸体，捡食腐尸，偶尔也会在小溪的石块下面寻找太白山溪鲵来充饥。

随着积雪的增厚，大熊猫会沿着山涧溪流，下迁至海拔 1600 米的河谷地带，在竹林边缘觅食。这只大熊猫行动敏捷，体魄强壮，早已做好了春天“比武招亲”的准备。

大寒

一天的工作结束，看着晚霞洒在银装素裹的山脊边缘，更显它的柔情。落日余晖洒在秦岭偏僻山野人家的屋顶，增添了几分温暖和惬意。

不知不觉,《熊猫家园·四季》又到了一个轮回的尾声。阴极阳生，春日可期。

后 记

秦岭是大熊猫的家园，是野生生物的基因库，也是我出生和成长的地方。

19岁那年，我离开了位于宝鸡市太白县的家乡，跟随父亲来到陕西长青林业局，荣幸地加入了北京大学潘文石、吕植教授的研究团队，协助团队完成关于野生大熊猫生活史、社会行为和种群繁殖的研究。这是一个漫长的过程。我每天跋山涉水，与各种动物相伴，学习跟踪和观察野生大熊猫。久而久之，我与好几只大熊猫成为好朋友，不但可以近距离观察它们，还见证了一只又一只熊猫幼崽的出生和成长。

这项研究持续了近十年，在这期间，我开阔了眼界，学习了许多生态保护知识，比如野外跟踪、鸟类识别、科学记录等；也掌握了各种新技能，比如驾驶汽车，使用相机、摄像机等。我越来越喜

欢这份工作，且增强了自信。这些年也是我心智成长、品格锻造的重要时期。我从青涩走向成熟，逐渐形成了自己的价值观，更收获了许多一生相携的好友。可以说，这段珍贵的经历让我受益终生。

在大熊猫研究即将结束时，长青林业局转制成为长青国家级自然保护区。保护区初建，正是需要人手的时候，经过培训之后，我成为保护区的一名工作人员。

2004 年，我参加了由“野性中国”工作室创始人奚志农老师举办的“第一届中国野生动物摄影训练营”，并接受资助，拥有了一部佳能 20D 数码相机。有了相机，我如虎添翼，可以在野外工作中随时记录身边的动植物。从那以后，我的野外工作不再枯燥乏味，而是充满了快乐与自豪。

2007 年春天，正值大熊猫繁殖交配的季节，我在监测过程中拍摄记录到野生大熊猫在树上交配的画面，这在我国尚属首次，填补了野生大熊猫研究领域中的空白。这次发现让我无比兴奋和欣慰，也让我对生态摄影和自然观察有了更浓厚的兴趣。

2017 年深秋，我受北京“山水伙伴”品牌创始人郑岚女士邀约，

在“山水伙伴”公众号开设了专栏《定乾山中札记》，以中华蜜蜂为线索，采用图文形式记录秦岭大山中的节气特征与物候变化。四年之后，经过策划讨论，札记由图文形式改版为视频形式，风景与动植物的呈现都更加生动，故事性也更强了。

又是近八年的时间倏忽而过，长期不间断的创作与沉淀令我的影像技术和文字能力都有所提升，我对人与自然的关系以及生态保护工作的价值也有了更深刻的认知。

2023年，陕西人民教育出版社联系了我。出版社对《定乾山中札记》很感兴趣，想协助我将其出版成册。2024年初春，我们开始推进这件事，我认真梳理了现有的一百多篇图文节气札记，从中精选出最具代表性的物种图文重新进行编辑整理，以大熊猫为主线，将丰富的物种联系在一起，展现出秦岭生物一年四季的变化。

《熊猫家园·四季》能如此之快地和大家见面，要感谢陕西人民教育出版社给予的出版机会，特别感谢责任编辑张亦偶老师的精心策划和辛苦付出，同时感谢出版社所有为此书付出辛劳的人。

这些年，我从一个普通的山里孩子逐渐成长为能够独当一面的

山林守护者和资深野生动物摄影师，并在行业内屡获嘉奖，这所有的收获都离不开生态保护专家的悉心指导、保护区同仁的包容与支持和生态保护界合作伙伴的信任与关爱。

在此，我郑重感谢北京大学潘文石教授、吕植教授、王大军老师在大熊猫研究项目中给予我的教诲、帮助和鼓励。他们对自然与科学的赤诚的爱深刻感染和影响了我。他们学识渊博、真诚谦逊，人品之高洁令我敬佩。与他们一起工作学习的日子是我生命中最炽热的时光。吕植教授更是在百忙之中为本书作序，这让我深受感动，也悄悄地自豪着。

与此同时，作为保护区的职工，我能在三十多年的工作生涯中始终坚持学习创作，探索心中热爱，这离不开领导和同事们的包容与支持。这群和我一起走遍了保护区每一片山林的伙伴，年复一年给予我关照与陪伴，在此真诚致谢！

同时也要感谢生态保护机构“山水伙伴”的朋友们，她们是郑岚、扬帆、梁媛、吴燕、圆明和张舒宁。七年多的时间里，我们一起经历了《定乾山中札记》的从无到有，从图文到视频。长久以来的彼

此信任和愉快合作让《定乾山中札记》一路走远，从而有了今天与更多读者见面的《熊猫家园·四季》。当然，《定乾山中札记》能坚持至今，离不开众多朋友、粉丝一如既往的关注和分享，大家的喜爱与认可是我坚持创作的重要动力。在此一并致谢！

还要感谢在物种鉴定环节中给予我帮助和支持的所有朋友和老师！最后，感谢北京大学附属中学倪一农老师在样书校稿阶段给予的指导与辛苦付出，感谢张继达老师、董鹏老师提出的宝贵意见。谢谢你们！

年复一年，时光匆匆，秦岭山林中的四季更迭与生命轮回从不停歇。出版此书，分享秦岭秘境万物和谐共生的美好，是我的荣幸。本书图文编撰力求完善无误，然因水平有限，难免有谬误之处，望诸君海涵。

向定乾

2024 年 7 月 15 日

图书在版编目（CIP）数据

熊猫家园·四季 / 向定乾著. -- 西安 : 陕西人民教育出版社，2024. 7. -- ISBN 978-7-5757-0123-5

Ⅰ. S759.992-49；Q959.838-49

中国国家版本馆 CIP 数据核字第 2024R5Y900 号

熊猫家园·四季

XIONGMAO JIAYUAN · SIJI

向定乾　著

出品人	李晓明　叶　峰
出版发行	陕西人民教育出版社
地　址	西安市丈八五路 58 号
策　划	秦　桦　张亦偶
责任编辑	张亦偶
责任校对	员雯幸
封面设计	白砚川
内文设计	知更猫
插　画	曾　婕
经　销	各地新华书店
印　刷	成业恒信印刷河北有限公司
开　本	787 毫米 ×1092 毫米　1/16
印　张	19.5
字　数	195 千字
版　次	2024 年 7 月第 1 版
印　次	2024 年 7 月第 1 次印刷
书　号	ISBN 978-7-5757-0123-5
定　价	98.00 元